DINO-ALARM!

Für diese GEOlino-extra-Ausgabe haben wir die Zeit zurückgedreht – und zwar nicht nur ein paar Hundert Jahre. Wir wollten so weit in die **ERDGESCHICHTE** zurückreisen, dass wir sie mit eigenen Augen sehen können: die Giganten und Titanen! Die Panzerträger und Monsterbeißer, Dreihörner und Schreckenskrallen! Eben alle Bewohner der sagenumwobenen Welt der **DINOSAURIER**.

Dass *Tyrannosaurus rex* und sein Gefolge seit 65,5 Millionen Jahren ausgestorben sind, machte unsere Suche zwar etwas schwieriger. Fündig geworden sind wir trotzdem: in Museen und Archiven, in Forschungslabors und Bibliotheken und natürlich an Ausgrabungsstätten rund um den Erdball. Erstaunt hat uns dabei gleich zweierlei. Erstens: Auch wenn versteinerte Dinosaurier-Knochen für Laien recht unspektakulär aussehen – Experten entlocken ihnen so viele Details, als würden die Riesenechsen selbst aus ihrem Leben erzählen.

Zweitens: das Durcheinander der Dino-Namen und ihrer **SCHREIBWEISEN**. Wir machen es deshalb wie die Forscher. Die Namen einzelner Arten schreiben wir so: *Tyrannosaurus rex* – also kursiv und in zwei Wörtern. Ist dagegen eine ganze Sauriergattung gemeint, also eine Gruppe von Sauriern mit gleichen Merkmalen, schreiben wir deren Namen in einem Wort. Beispiel: Tyrannosaurier. So viel vorweg. Seid ihr jetzt startbereit? Dann kommt mit ins Reich der Dinosaurier!

EUER GEOLINO-EXTRA-TEAM

Für GEOlino extra auf Dino-Suche: Heiko, Martin, Verena, Jan, Sina, Klaus, Eva und Amin (von links)

INHALT

68 UNGEHEUERLICH!

Abtauchen sollte jedes Tier, das diesen Meeresechsen begegnet. Wie Ichthyosaurier und Verwandtschaft Angst und Schrecken in den Ozeanen verbreiteten, lest ihr hier

66 BESTIEN ZUM BASTELN

Um diese Dinos zum Leben zu erwecken, müsst ihr nur drei Dinge tun: schneiden, falten und kleben

50 EINFACH RIESIG!

Sie waren überragend, überdimensional, gigantisch – aber warum eigentlich? Ein Forscherteam lüftet mit neuen Methoden die Geheimnisse der Langhälse

Groß, nicht artig!

HOCHGERÜSTET DURCH DIE URZEIT

Kein Mensch hat sie je mit eigenen Augen gesehen. Alles, was wir über die Dinosaurier wissen, reimen sich Forscher aus den Überresten zusammen, die sie finden. Eines aber steht fest: Die Urzeit-Riesen waren MEISTER DES ÜBERLEBENS. Über 160 Millionen Jahre lang beherrschten sie die Erde. Wie sie das schafften? Zum Beispiel, indem sie außergewöhnliches Rüstzeug entwickelten

TEXT: DOROTHÉE BUCHE ILLUSTRATION: PIXEL-SHACK

ANKYLOSAURUS

Dicke **PANZERPLATTEN** auf Kopf und Rücken schützten den Ankylosaurus wie einen Ritter die Rüstung. Den eigentlichen Respekt brachte ihm aber eine verknöcherte Keule an seiner Schwanzspitze ein. Kraftvoll geschwungen, schlug er mit ihr wie mit einem **MORGENSTERN** auf Angreifer ein. Eine wirkungsvolle Waffe gegen Räuber wie Tyrannosaurier, die den gepanzerten Vierbeinern vermutlich nachstellten. Denn einmal bezwungen, waren sie wahrhaft fette Beute: Die größten Ankylosaurier brachten mit bis zu neun Tonnen mehr Gewicht auf die Waage als jeder ihrer Feinde. Um die eigene Nahrung zu erlegen, war der waffenstarrende Auftritt übrigens nicht nötig: Ankylosaurier waren **PFLANZENFRESSER**. Ihnen genügte daher ein beinahe zierliches Maul, das sich an der Spitze zu einer Art Schnabel formte.

LÄNGE: bis zu 9,3 Meter
GEWICHT: bis zu 9000 Kilogramm
NAHRUNG: Pflanzen
LEBENSRAUM: Nordamerika
BESONDERHEIT: Panzerung

TRIAS	JURA	KREIDE
Vor 251 Mio. Jahren – 199	199 – 145	145 – 65,5

TRICERATOPS

Da biss sich so mancher Raubsaurier die Zähne aus! Über zwei Meter konnte der Schädel eines Triceratops messen – von der Nasenspitze bis zu dem mächtigen **SCHILD** aus Knochen, der den Nacken vor Bissen schützte. Bei manchen Exemplaren machte er damit fast ein Drittel der Körperlänge aus! Und damit nicht genug: Die stämmigen Tiere konnten sich auch wehren. Gleich drei **HÖRNER** zierten den Kopf: ein kleines auf der Nase und zwei etwa ein Meter lange über den Augen. Das schnabelförmige Maul war im Vergleich dazu sehr klein. Umso erstaunlicher ist die immense Zahl der Zähne, die darin Platz fanden: Hunderte reihten sich im Kiefer auf, angeordnet in mehreren Reihen. Und fiel ein Beißer aus, wuchs sogar ein neuer nach. Die vielen **MAHLWERKZEUGE** waren nötig, um faserige Farne und Palmenblätter zu zermalmen.

LÄNGE: bis zu 9 Meter
GEWICHT: bis zu 10 000 Kilogramm
NAHRUNG: Pflanzen
LEBENSRAUM: Nordamerika
BESONDERHEIT: Schädelform

THERIZINOSAURUS

Wenn dieser Saurier auch nur einen Finger krümmte, konnten die Folgen tödlich sein. Der Therizinosaurus besaß an jeder Hand drei Krallen – besser gesagt **SÄBEL**! Die konnten bis zu einen halben Meter lang sein und waren messerscharf. Es ist anzunehmen, dass die meisten anderen Bewohner der Wälder Zentralasiens gebührenden **ABSTAND** hielten. Doch wofür er die mörderischen Werkzeuge tatsächlich benutzte, kann man bisher nicht mit Gewissheit sagen. Sie dienten wohl dazu, Feinde in die Flucht zu schlagen und mit Artgenossen um Weibchen und Reviere zu kämpfen. Vielleicht nutzte der vermutliche Vegetarier sie aber auch nur beim Fressen als eine Art Besteck. Da bislang kein einziger **SCHÄDEL** dieses Sauriers gefunden wurde – und somit auch keine Zähne –, sind sich Forscher nicht sicher, wovon er sich ernährte. Seine ungefähre Kopfform lässt sich dennoch ableiten – zum Beispiel von Alxasaurus und Beipiaosaurus. Beide waren zwar etwas kleiner, gehören aber zur selben Saurierfamilie.

LÄNGE: bis zu 12 Meter
GEWICHT: bis zu 6000 Kilogramm
NAHRUNG: wohl Pflanzen
LEBENSRAUM: Asien
BESONDERHEIT: Krallen

TRIAS	JURA	KREIDE
Vor 251 Mio. Jahren – 199	199 – 145	145 – 65,5

PACHYCEPHALOSAURUS

Einen größeren Dickkopf hat es wohl nie gegeben! Wie ein **HELM** wölbte sich der Schädel des Pachycephalosaurus. Bis zu 25 Zentimeter konnte der Knochenwulst dick werden – und diente nicht nur dem Schutz. Forscher vermuten, dass die wendigen Zweibeiner damit auf ihre Widersacher losgingen, vielleicht sogar auf eigene **ARTGENOSSEN**, um ihr Revier zu verteidigen. Lange dachten die Wissenschaftler, dass die Tiere in Zweikämpfen mit den Köpfen frontal zusammenstießen – so wie Büffel oder Hirsche. Doch dafür wäre eine flache Kopfform geeigneter gewesen. Auch lassen sich auf den bislang gefundenen Schädelknochen keine Narben ausmachen, die derartige Duelle bestätigen würden. Die **ZWEIKÄMPFE** sahen vielleicht eher so aus: Anlauf nehmen, Kopf senken und ihn dem Gegner wie einen Rammbock in die Flanke bohren.

LÄNGE: bis zu 4,6 Meter
GEWICHT: bis zu 1000 Kilogramm
NAHRUNG: Pflanzen
LEBENSRAUM: Nordamerika
BESONDERHEIT: Schädel

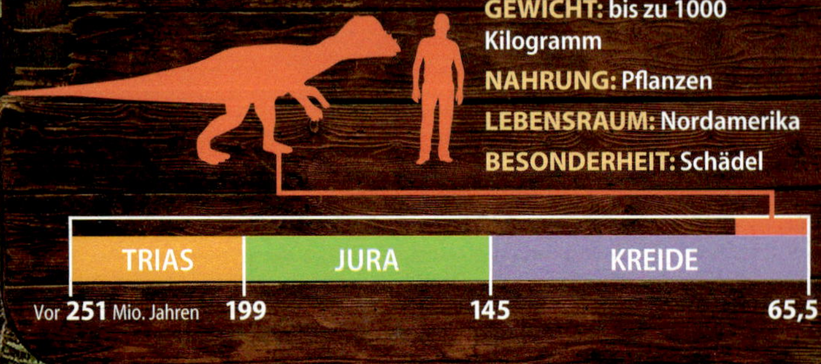

DINO-NEWS

Nachrichten aus der Welt der Riesenechsen

Kontinente zerbrachen, das Klima wandelte sich gleich mehrfach, und zierliche Reptilien wuchsen zu Titanen heran: Das Zeitalter der Dinosaurier war alles andere als ruhig – wie unser Überblick zeigt

Sommerhitze und Regenschauer

Der Dinowelt-Wetterbericht

Die gute Nachricht zuerst! Die Reise in die Vergangenheit verspricht Sommertemperaturen und Sonnenschein. Vor allem in der TRIAS, der Geburtsstunde der Dinosaurier, dürfen Frostbeulen vor Freude juchzen. Das ganze Jahr hindurch scheint die Sonne, die Luft erwärmt sich auf sommerliche Temperaturen. Es regnet nur gelegentlich. Schnee- und Hagelschauer bleiben ganz aus. 50 Millionen Jahre später, im JURA, ziehen häufiger Gewitterwolken auf – bei immer noch milden Temperaturen. Deutlich kühleres Wetter kündigt sich dann für das Ende der KREIDEZEIT an, die Jahreszeiten entstehen. Tröstlich: Es fällt jedoch weniger Niederschlag.

TRIAS

Brille auf! Die Sonne scheint das ganze Jahr

JURA

Schirm raus! Es regnet mehr, bleibt aber warm

KREIDE

Schal um! Kälte kommt und vertreibt den Regen

Noch keine Spur vom Menschen

Bei diesen Zahlen verliert jeder Mensch das Zeitgefühl! Über 160 Millionen Jahre lang beherrschten Dinosaurier unseren Planeten. Das ist 80 Mal so lang, wie es uns Menschen überhaupt gibt! Ein Blick auf den Zeitstrahl des Lebens (unten) verrät, dass die Riesenechsen schon seit über 60 Millionen Jahren ausgestorben waren, als unsere Vorfahren den aufrechten Gang lernten. Was ebenso überrascht: Die Urzeit-Titanen begannen ihren Eroberungsfeldzug ganz klein! Die ersten Dinosaurier waren gerade mal kaninchengroß und gingen vor etwa 230 Millionen Jahren auf die Jagd – in einer Epoche, die wir heute als Mesozoikum bezeichnen, zu Deutsch: Erdmittelalter. Das untergliedert sich wiederum in drei Zeitalter: Trias, Jura und Kreidezeit, die wir im Zeitstrahl orangefarben, grün und violett darstellen. Bis aus den Dino-Zwergen der Trias jedoch tonnenschwere Giganten heranwuchsen, vergingen noch einmal 60 Millionen Jahre. Und das klingt dann wieder nach einer Ewigkeit.

Entstehung der Erde

Vor **4500** Mio. Jahren

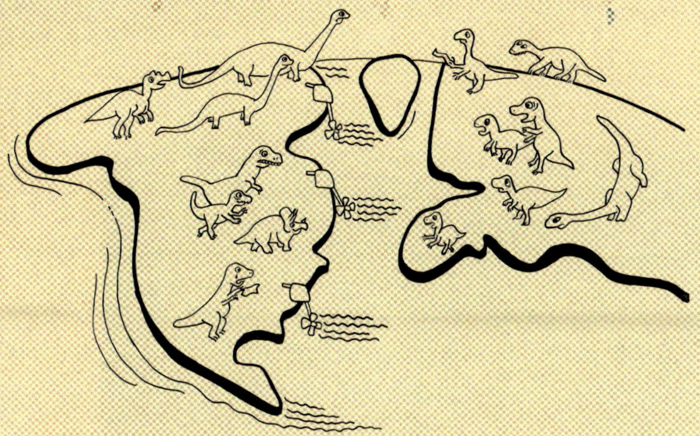

Aus eins mach sieben

Heute trennt der Atlantische Ozean Afrika und Amerika. Wäre jedoch ein früher Saurier wie etwa Eoraptor von Kontinent zu Kontinent gewandert, hätte er sich dabei nicht einmal die Krallen nass machen müssen. Der Grund: Die sieben Erdteile, die wir heute kennen, bildeten vor etwa 200 Millionen Jahren einen großen SUPERKONTINENT, der sich vom Nord- bis zum Südpol erstreckte. Er hieß Pangäa, was übersetzt „Gesamterde" bedeutet. Pangäa war jedoch keineswegs ein großes Ganzes, sondern bestand aus ERDPLATTEN, die langsam auseinanderdrifteten. Die Folge: Der Superkontinent bekam Risse und brach vor 200 Millionen Jahren auseinander – zunächst in zwei Stücke, 45 Millionen Jahre später in die Vorläufer der uns heute bekannten Erdteile. Haben die Dinosaurier etwas davon bemerkt? Jeder einzelne dürfte wohl so manches Erdbeben und einige VULKANAUSBRÜCHE gespürt haben. Auf lange Sicht betrachtet aber passten sich die Echsen an und entwickelten Arten, die es dann nur auf einzelnen Kontinenten gab. Während zum Beispiel der *Tyrannosaurus rex* in Nordamerika regierte, hatte in Südamerika der Abelisaurus das Sagen.

TRIAS

JURA

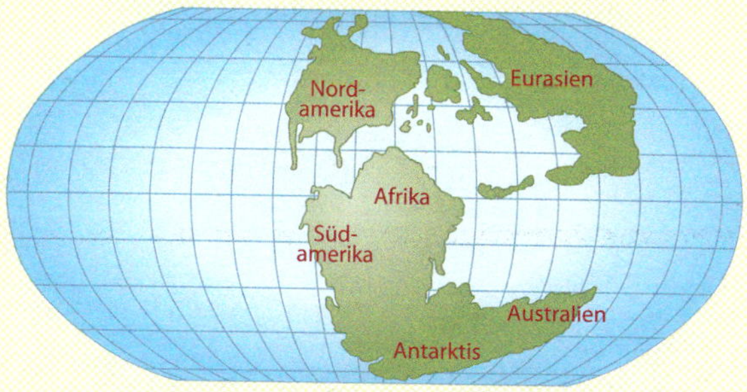

KREIDE

HEUTE

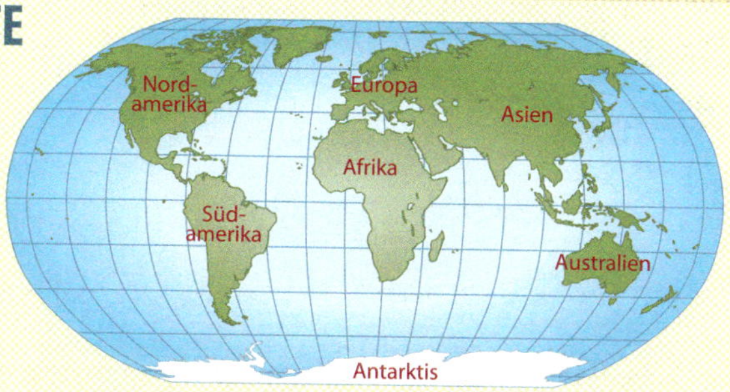

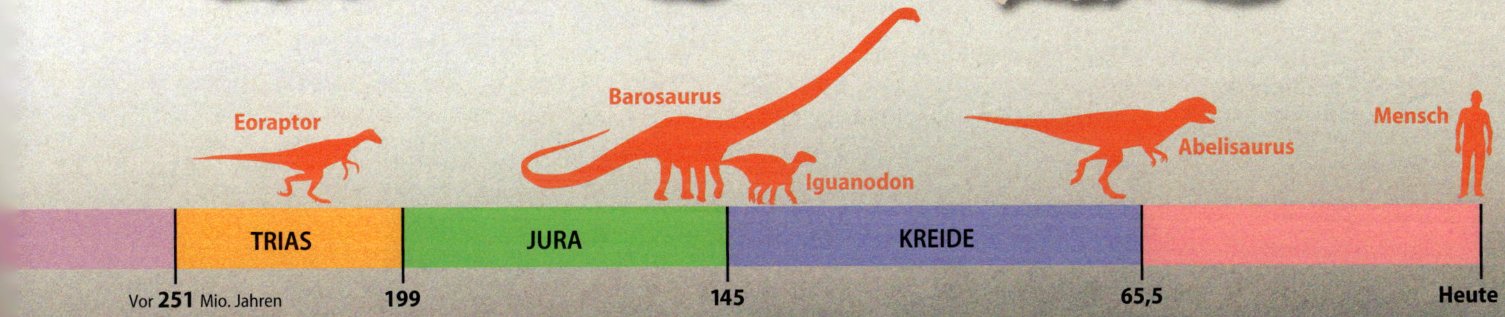

Hunderte Typen, vier Gemeinsamkeiten

Der kleine Unterschied

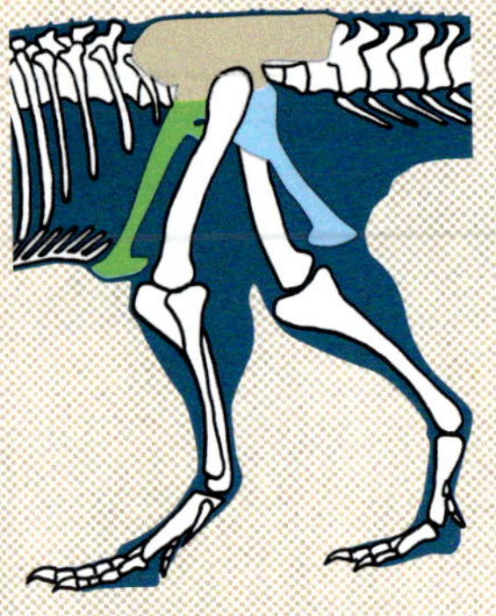

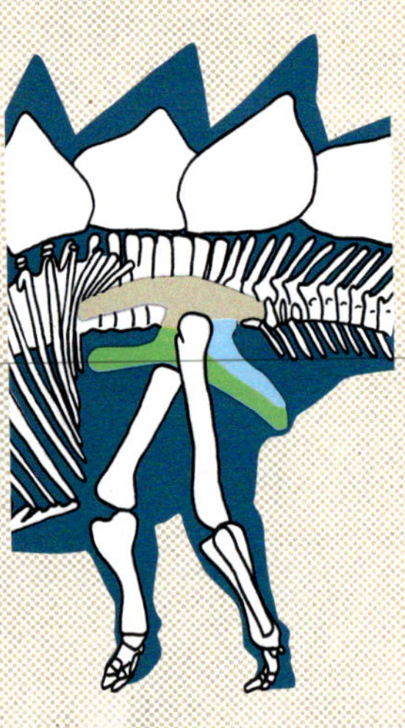

Dinosaurier werden in zwei Hauptgruppen eingeteilt – abhängig von ihrer Beckenform. Der Brachiosaurus und der Tyrannosaurus etwa sind sogenannte **ECHSENBECKEN-DINOSAURIER** (Saurischia). Bei ihnen zeigt das Schambein (grün) nach vorn, das Sitzbein (blau) nach hinten (Bild oben). Der Stegosaurus dagegen zählt zu den **VOGELBECKEN-DINOSAURIERN** (Ornithischia). Sein Schambein liegt am Sitzbein an und zeigt nach hinten. Nur ein Fortsatz ragt nach vorn

Die Gruppe der Dinosaurier hat ein neues Mitglied aufgenommen: *Tawa hallae* heißt der Fleischfresser, dessen Skelett Wissenschaftler im Norden des US-Bundesstaates New Mexico ausgegraben haben. Mit ihm zählt die Liste der bekannten **DINOSAURIER** inzwischen mehr als 500 Arten, die unterschiedlicher kaum sein könnten. Einige wuchsen zu 40 Meter langen Ungetümen heran, andere wurden kaum größer als ein Huhn. Manche trugen Panzer, andere Hörner oder Klauen. Und doch besaßen alle Tiere vier Gemeinsamkeiten, die sie erst zu Dinosauriern machen. Die wichtigste: Die **BEINE** der Dinosaurier standen senkrecht unter dem Körper! Während sich Eidechsen nur in einer Art Liegestütz-Haltung bewegen, setzten die Gliedmaßen der Dinosaurier so am Rumpf an, dass sie durchgestreckt werden konnten – eine Voraussetzung für das ausdauernde Laufen auf zwei Beinen. Für die richtige Balance sorgte der lange **SCHWANZ**, für einen sicheren Tritt bewegliche Knöchelgelenke. Ihre Schnelligkeit verdankten die Dinosaurier den leichten, von Luftsäcken durchzogenen Knochen.

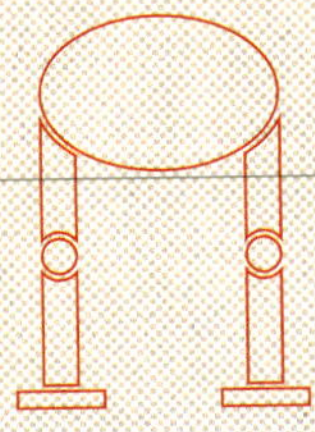

Alle **DINOSAURIER** besaßen gerade Beine, die unter dem Rumpf ansetzten

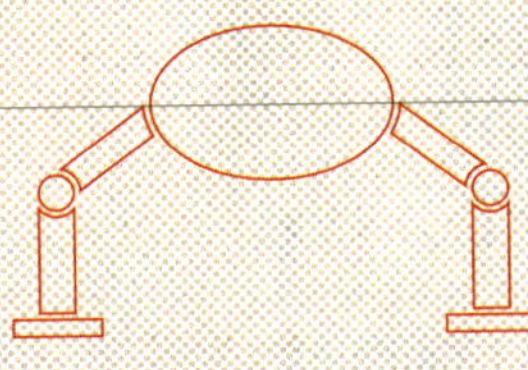

Beim **KROKODIL** dagegen sind die Beine leicht abgespreizt. Es läuft mit gebeugten Knien und Ellenbogen

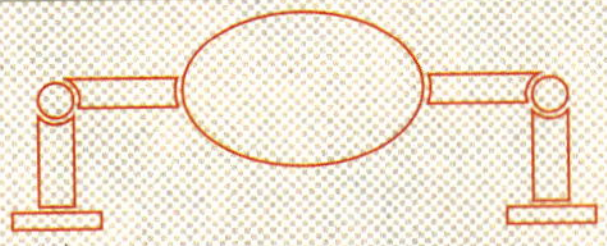

Wieder anders die **EIDECHSE**: Sie kriecht! Knie und Ellenbogen sind im rechten Winkel gebeugt

Frisch aus dem Wald

Das Menü für hungrige Saurier

Lange vor den ersten Dinosauriern eroberten immergrüne Pflanzen unsere Erde. Mal bildeten sie dichte Wälder, mal mannshohes Gestrüpp oder Buschland. Für Vegetarier gab es jedenfalls ausreichend zu fressen, auch wenn die Pflanzenarten wechselten und Gräser sowie Blütenpflanzen erst in der Kreidezeit aufkamen, als das Ende der Dinos schon nahte. Wir haben hier eine Speisekarte zusammengestellt, wie sie zur Zeit der Riesenechsen durchaus denkbar gewesen wäre.

Speisekarte des vegetarischen Saurier-Restaurants

>> Sei kein Räuber – friss Grünzeug <<

Für Trias-Saurier

Ginkgo-Spaß
Salat aus frisch gepflückten Blättern des Gingko-Baumes

Tropisches Einerlei
Suppe aus den farnähnlichen Blattwedeln der Sumpfpflanze Pachypteris

Holzfäller-Menü
Leicht angefaulte Kiefernäste, durchsetzt mit Würmern und Käfern, dazu ein Palmfarn-Mus

Für Jura-Saurier

Giganto
Brei aus Mammutbaumrinde, garniert mit zerkleinerten Riesenfarnblättern

Schuppdidu
Salat aus frischen Nadeln der Schuppentanne

Dickicht-Kost
Bodenfarn-Ragout mit Ginkgo-Blättern und geschnetzeltem Zypressenstamm

Für Kreide-Saurier

Klecks
Erstmalig! Farbenfrohe Suppe aus Blütenpflanzen

Blätterwald
Salat aus Birken-, Weiden- und Magnolienblättern

Menü mit Spitze
Frisch gepflückte Nadelzweige, serviert mit zarten Sumpffarnwedeln und einem Eichel-Ahorn-Müsli

Rasenschmaus
Eine Handvoll frisches Gras

ORDNUNG MUSS SEIN

Wie war der Anchisaurus mit dem Lesothosaurus verwandt? Bei mehr als 500 Dinosaurierarten ist es schwierig, den Überblick zu behalten. Aus diesem Grund haben Forscher einen Stammbaum entwickelt, der zeigt, welche Art aus welcher hervorgegangen ist. In der Fachsprache wird ein solches System Kladogramm genannt – von Griechisch *klados*, was Ast bedeutet. Jeder Ast steht für eine Dinosauriergruppe, die gleiche Merkmale teilt, wie zum Beispiel den Zackenrücken und das Vogelechsenbecken der Stegosaurier. Um herauszufinden, wie eng der Anchisaurus nun mit dem Lesothosaurus verwandt ist, genügt es, die Äste zurückzuverfolgen. Je länger der Weg, desto geringer der Verwandtschaftsgrad.

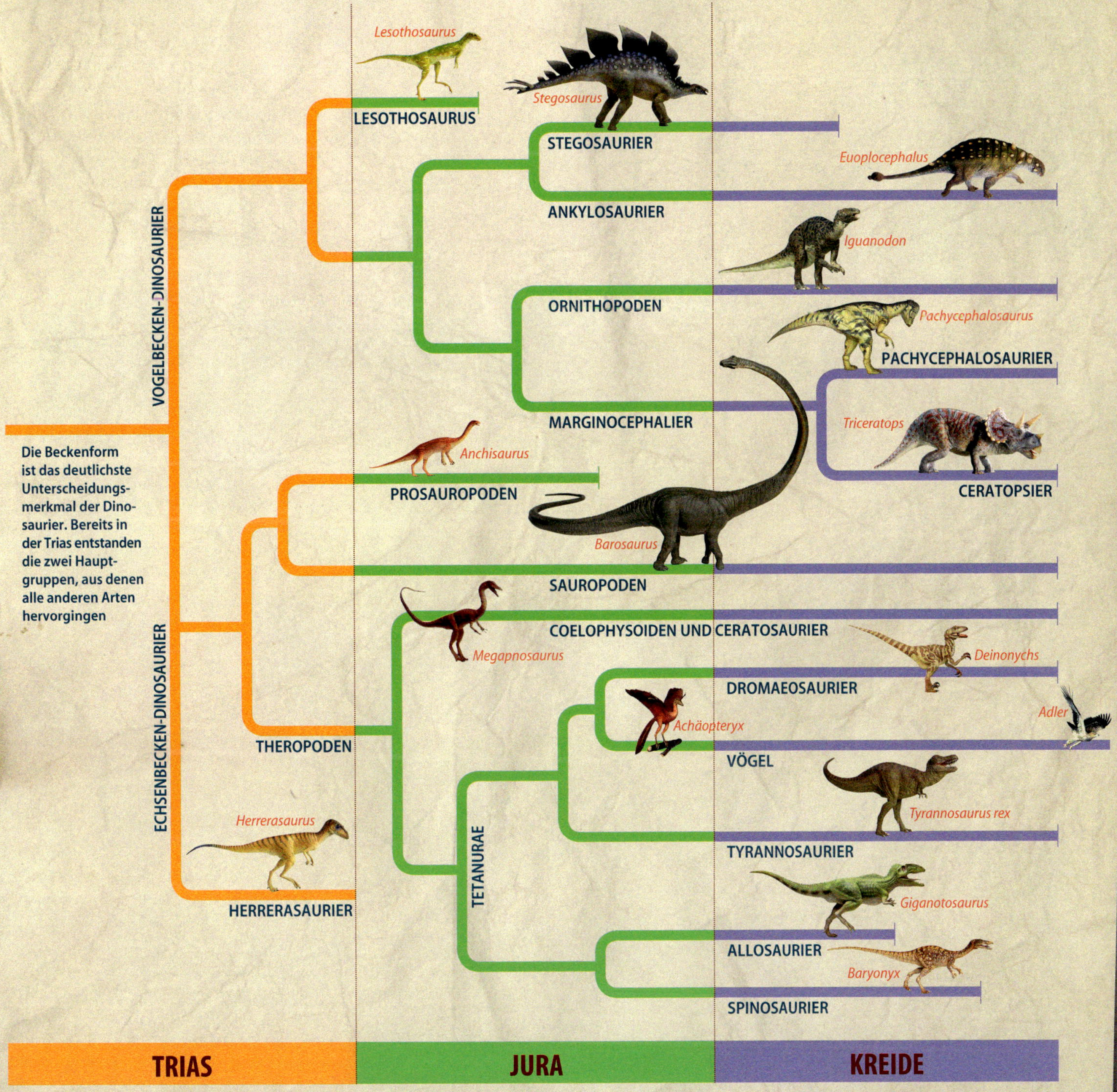

Auf dem Friedhof der Riesenechsen

DIE EXPEDITION ZUM TENDAGURU

Vater des Erfolgs: Forschungsleiter **WILHELM VON BRANCA** sucht und findet Geldgeber für die Expedition

Im April 1909 stoßen deutsche Forscher in Ostafrika auf eine SENSATIONELLE FUNDGRUBE. Am Fuße eines Hügels namens Tendaguru ragen Knochen aus der Erde, deren Größe alles bisher Bekannte in den Schatten stellt

TEXT: JANA FLEMMING

Bis zu zehn Meter tief haben sich die Helfer in den Erdboden gebuddelt, um an das Skelett eines **BRACHIOSAURUS** zu gelangen. Teile des Schwanzes sind schon zu sehen

Ein Dach aus Gras, die Wände aus Bambus: So sehen die Hütten aus, in denen die **EXPEDITIONSLEITER** Edwin Hennig (links) und Werner Janensch (Mitte) am Tendaguru wohnen. Einer ihrer bedeutendsten Funde ist der Schädel eines *Brachiosaurus brancai* (oben)

Geld, Geld! Woher um Himmels willen soll er nur das Geld für diese einmalige Gelegenheit nehmen? Wilhelm von Branca wälzt in Gedanken noch einmal die Neuigkeiten aus Afrika hin und her. In der Nähe von Lindi, einer Hafenstadt im heutigen Tansania, hat ein deutscher Ingenieur einen Hügel entdeckt, an dem versteinerte Knochen aus der Erde ragen. Nein, keine Überreste einer Löwenmahlzeit. Saurierknochen! Und zwar so viele und derart große, dass später von Afrikas „Friedhof der Giganten" die Rede sein wird. Einige wenige Knochen sind jetzt, im Frühjahr 1908, in Deutschland angekommen – die Expertenwelt überschlägt sich vor Begeisterung.

Der Knochenhügel heißt bei den Einheimischen „Tendaguru", was so viel bedeutet wie „steiler Berg". Er liegt in der damals von Deutschland verwalteten Kolonie Deutsch-Ostafrika. Welch ein Glücksfall für deutsche Dinosaurier-Forscher! Denn das bedeutet: Sie bekämen endlich einmal als Erste das Recht zu graben. Wie sehr haben von Branca und seine Kollegen in der Vergangenheit britische und US-amerikanische Wissenschaftler beneidet. Einen Urzeit-Giganten nach dem anderen legten diese frei. Direktor von Branca und sein Team vom Geologisch-Paläontologischen Institut der Universität Berlin mussten sich stets mit den Berichten der Kollegen aus dem Ausland begnügen. Jetzt aber ist sie da: die Chance, selbst im Dreck zu wühlen. Dazu noch in Afrika, wo bisher nur an wenigen Stellen Saurierspuren gefunden worden sind! Es ist eine einmalige Gelegenheit. Von Branca ▸

Als Janensch und Hennig vor 100 Jahren beginnen, am Tendaguru nach Saurierknochen zu suchen, gehört das **GRABUNGSGEBIET** zur deutschen Kolonie Deutsch-Ostafrika. Heute liegt der Hügel in Tansania

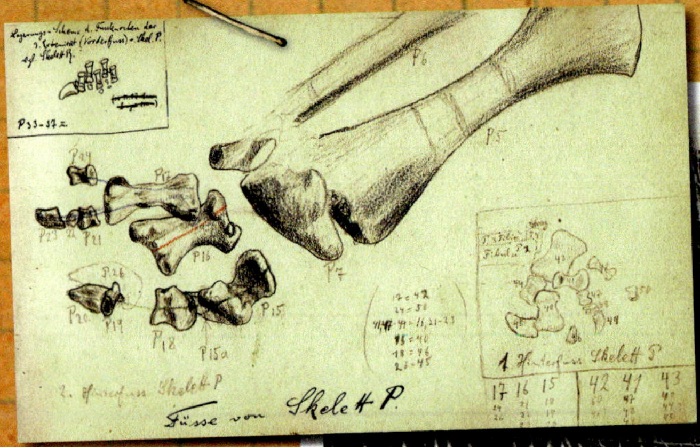

SCHUTZWÄNDE lehnen am Rand der Grube, in der Arbeiter Stück für Stück das Skelett eines Brachiosaurus freilegen (rechts). Fast zwei Jahre wird es dauern, bis sie den **RIESENSAURIER** ausgegraben haben. In der Zwischenzeit zeichnet Werner Janensch die gefundenen Überreste (oben). So hält er fest, welcher Knochen zu welchem gehört

Aus Bambus, Baumscheiben und Seilen stellen Grabungshelfer robuste Behälter her. In diesen **BAMBUSROLLEN** verstauen sie kleinere Funde, die andernfalls auf der langen Reise nach Deutschland verloren gehen würden

Kraftakt: Weil keine Straße, keine Schiene zum Tendaguru führt, bringen **TRÄGER** jeden Fund zu Fuß in die 60 Kilometer entfernte Hafenstadt Lindi (oben). Dort wird die **FRACHT** in Holzkisten verpackt und auf Segelbooten verstaut (unten). Diese fahren zu Dampfschiffen, die regelmäßig Richtung Hamburg aufbrechen

weiß, dass er alles daran setzen muss, das Geld für diese Grabung zusammenzubekommen. Und warum auch nicht? Schließlich kennt er als Institutsdirektor wichtige Leute in Politik und Wirtschaft.

Tatsächlich gelingt es von Branca, innerhalb kurzer Zeit 37 500 Reichsmark für das Vorhaben einzusammeln! Eilig beginnen die Berliner Forscher, ihre Expedition zum Tendaguru vorzubereiten. Sie bestellen Zelte, Campingbetten, Klappstühle und Moskitonetze. Dazu Unmengen an Dosengemüse, Gewürze, Kartoffeln und Haferflocken. Für die Grabungen werden Schaufeln, Hacken, Hämmer sowie Gips und Seile zum Verpacken der Funde gebraucht. Gerätschaften wie Fotoapparat, Kompasse und Thermometer nicht zu vergessen!

Zum Expeditionsleiter ernennt von Branca seinen engen Mitarbeiter Werner Janensch. Er selbst bleibt in Berlin. Die Aufgabe des Expeditionsassistenten übernimmt Edwin Hennig, ebenfalls ein Mann aus dem Geologie-Institut im Berliner Naturkundemuseum. An Bord der „Feldmarschall", eines Postdampfers der Deutschen Ost-Afrika Linie, brechen die zwei Jungforscher Richtung Ostafrika auf. Am 16. April 1909 erreichen sie den Tendaguru und trauen ihre Augen kaum: „Es ist ein wahrer Saurier-Friedhof", schreibt Hennig in sein Notizbuch. „In einer halben Stunde habe ich zehn verschiedene Knochen entdeckt, meistens Beinknochen und ein paar Wirbel. Eine Menge Arbeit wartet auf uns."

Beim Anblick der vielen Fundstellen erkennen die Berliner: Ohne Hilfe der Einheimischen werden sie keinen einzigen Knochen aus dem Boden lösen. Zu fest und zu tief stecken die versteinerten Skelette im Gestein. Janensch und Hennig werben Bauern aus den umliegenden Dörfern als Gehilfen an. Sie zeigen den Männern Grabungstechniken, fackeln das stö- ▸

rende Busch- und Strauchwerk ab und lassen am Fuß des Tendaguru Hütten, Geräteschuppen, Knochenlager, Werkstätten, eine Speisekammer und eine Feldküche errichten. Ein Expeditionsdorf entsteht und bietet innerhalb weniger Wochen rund 100 Menschen einen Schlafplatz.

Ein Trommelwirbel ruft die Helfer jeden Morgen zum Geräteschuppen, wo jeder sein Werkzeug erhält. Freie Tage gibt es nicht, denn gegraben werden kann nur in der Trockenzeit, etwa von April bis Oktober. Für jede Fundstelle teilen Janensch und Hennig 15 bis 25 Arbeiter ein. Die stärksten unter ihnen räumen am Fundort Sträucher, Steine und Wurzelwerk zur Seite und tragen mit Hacke und Schaufel die oberen Erdschichten ab. Sobald dabei Skelett-Teile zum Vorschein kommen, übernimmt die zweite Gruppe. Deren Mitglieder schaufeln zunächst alles lose Gestein zwischen den Knochen weg. Anschließend hämmern und meißeln die Männer die Stücke ganz behutsam aus dem Lehm-Sandgestein.

Vorsicht ist dabei das oberste Gebot! Kein Knochen darf zerbrechen, kein Knöchelchen verloren gehen! Zum Schutz decken die Männer jeden größeren Fund mit einem Mantel aus Gips ab, bevor sie ihn aus seinem Sandbett heben und auch von der anderen Seite eingipsen. Später muss ein sonnengetrockneter Mix aus Lehm, Akazienharzen und Pflanzenfasern als Schutzschicht genügen: Für Gips fehlt das Geld! Kleine Knochen wickeln die Ausgräber in Baumwoll-Watte und verstauen sie in ausgehöhlten Früchten des Affenbrotbaumes, der überall am Tendaguru wächst. Zum Abschluss rollen sie jeweils eine kleinere Anzahl der Behälter in eine Bambusmatte und verschließen die Paketrolle an den Seiten mit Holzscheiben.

Janensch und Hennig sehen mit Begeisterung, wie der freie Platz im Knochenlager Tag für Tag schrumpft: „Beginnt, ein neues Museum zu bauen. Denn es sieht so aus, als müssten wir den ganzen Hügel abtragen. Es gibt kaum einen Flecken ohne Knochen", berichten sie nach Berlin. Dabei steht der mühevollste Teil ihrer Expedition noch bevor – der Abtransport der Funde!

Zum Tendaguru führt keine Straße, stellenweise nicht einmal ein vernünftiger Weg. Deshalb müssen einheimische Träger die manchmal mehr als 200 Kilogramm schweren Knochen in die Hafenstadt Lindi ▸

Daniela Schwarz-Wings kennt so gut wie jedes Knöchelchen, das in den Archiv-Regalen des Naturkundemuseums liegt. Auf das, was in diesem **BAMBUSPAKET** steckt, ist aber auch sie gespannt

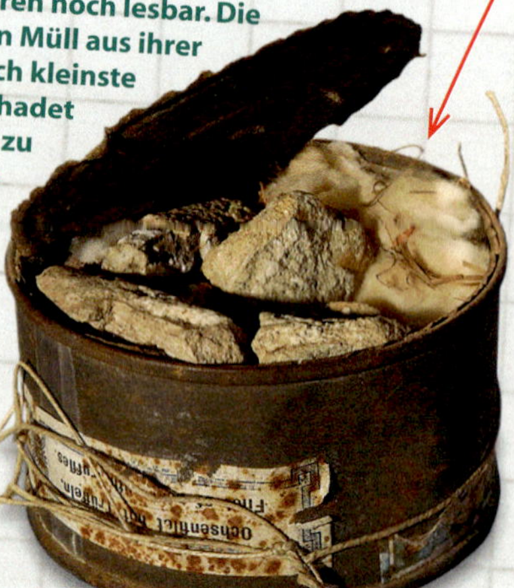

»Ochsenfilet mit Trüffeln« – die Worte auf der **KONSERVENDOSE** sind auch nach 100 Jahren noch lesbar. Die Forscher nutzten den Müll aus ihrer Feldküche, um auch kleinste Knochen unbeschadet nach Deutschland zu transportieren. Die winzigen Funde sind teilweise noch im Gestein eingeschlossen. Sie daraus zu befreien, bedarf wochenlanger Arbeit

Ausgepackt!

WAS STECKT IN DER BAMBUSROLLE?

Im Keller des Berliner Naturkundemuseums liegen noch immer 37 Bambusrollen der Tendaguru-Expedition, von denen niemand weiß, was sie enthalten. Kuratorin Daniela Schwarz-Wings hat für GEOlino extra eines der geheimnisvollen Pakete geöffnet

FOTOS: JAN KRAUSPE

Um die Knochen heil nach Deutschland zu transportieren, polsterten die Forscher ihre Rollen mit getrocknetem **SAVANNENGRAS** aus. Bis heute federt das Heu jede Erschütterung ab

Nicht in Watte, aber in **BAUMWOLLE** packten die Forscher ihre versteinerten Schätze. Den weichen, weißen Flaum ließen sie dazu extra von einheimischen Bauern anbauen – auf Feldern in der Umgebung des Tendaguru

Perfekte Verpackung: Etwa zehn kleine Schwanzwirbel passen in dieses **BAMBUSROHR**, das die Arbeiter einmal längst durchgeschnitten haben. Aus praktischen Gründen: So konnten sie die Knochen in der unteren Hälfte aneinanderreihen, dann die zweite Hälfte darüberklappen und das Ganze an beiden Enden fest zusammenbinden

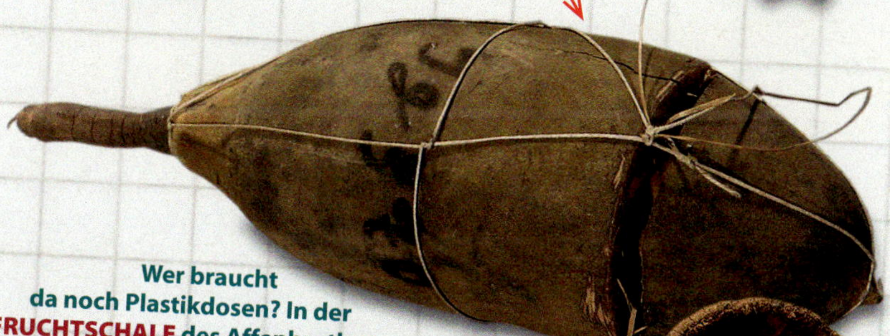

Wer braucht da noch Plastikdosen? In der **FRUCHTSCHALE** des Affenbrotbaumes fanden gleich eine ganze Handvoll Dino-Knochen Platz. Einige der steinernen Stückchen erkennt Daniela Schwarz-Wings sofort: Es handelt sich um Mittelfußknochen, Schwanzwirbel und Teile eines Oberschenkelknochens vom Dysalotosaurus, einem sehr kleinen Dinosaurier. Er lief auf zwei Beinen, fraß Pflanzen und wird auch »Gazellensaurier« genannt

Präparator Gustav Borchert posiert neben einem **RIESENKNOCHEN**, den er aus mehreren Teilen zusammengesetzt hat. Bis zu 160 Stunden dauert eine solche Puzzlearbeit

Mithilfe eines Gerüstes aus Leitern, Brettern und Streben montieren die Präparatoren im Jahr 1937 das 23 Meter lange **SKELETT** des *Brachiosaurus brancai* (unten). Unverzichtbar ist dabei ein **FLASCHENZUG**, mit dem sie die bis zu 250 Kilogramm schweren Knochen in die Höhe hieven (oben)

transportieren. Drei bis vier Tage dauert ihr rund 60 Kilometer langer Fußmarsch durch Buschland und Wald. In Lindi werden die Funde in Holzkisten verpackt und auf kleine Lastensegler verladen. Sie bringen die kostbare Fracht zu den Dampfschiffen, die weiter draußen im tiefen Wasser ankern und anschließend Kurs Richtung Hamburg nehmen.

5000 Riesenknochen und Bambuspakete gelangen auf diesem Weg nach Deutschland – darunter auch die kostbarsten Funde wie zum Beispiel die Überreste eines Stegosauriers, das Skelett einer damals noch unbekannten Riesenechsenart, Knochen von Flug- und Raubsauriern sowie der 2,10 Meter lange Oberarmknochen eines Brachiosaurus. Er ist zu diesem Zeitpunkt der längste bekannte Saurierknochen der Welt. An anderer Stelle stoßen die Grabungsteams sogar auf das nahezu vollständige Skelett eines anderen Brachiosaurus. Zwei Jahre vergehen, bis sie es vollständig freigelegt haben. Von Anfang an aber ist klar: Es fehlt der Kopf! Zu aller Freude haben Janensch und Hennig aber auch diesmal das Glück auf ihrer Seite: Kurz vor Einbruch der Regenzeit im Jahr 1910 meldet ein Arbeiter einen neuen Fund. Es ist ein Brachiosaurus-Schädel, so gut erhalten wie kein anderer auf der Welt!

Trotz des sensationellen Erfolges müssen die Berliner im Januar 1913 die Grabungen aufgeben: Das Geld für den Lohn der Gräber und Träger, für Gerätschaften, Lebensmittel und die Schiffspassage der Funde geht ihnen aus. Zu Hause, im Naturkundemuseum Berlin, aber warten die Schätze vom Dinosaurier-Friedhof – insgesamt 250 Tonnen, verteilt auf Kellerräume, Flure, Böden, Archive und den Innenhof des Museums. Mehr als 40 Jahre wird es dauern, bis Werner Janensch und seine Kollegen die wichtigsten Funde gesäubert, bestimmt und zu Skeletten zusammengefügt haben. Manche Bambuspakete blieben bis heute ungeöffnet (siehe Kasten Seite 23). Die Riesen vom Tendaguru aber stehen jetzt Seite an Seite in der Ausstellung des Naturkundemuseums: Brachiosaurus, Diplodocus, Dicraeosaurus und Kentrosaurus. Der Gigant unter ihnen, der 23 Meter lange Brachiosaurus, wurde übrigens nach jenem Mann benannt, der die Grabungsexpedition überhaupt erst möglich gemacht hat. Auf seinem Namensschild steht: *Brachiosaurus brancai.*

Vor drei Jahren haben Forscher die **BEINSTELLUNG** des Brachiosaurus berichtigt. Seitdem wirkt es, als würde der Star der Ausstellung durch das Berliner Naturkundemuseum schreiten

BRACHIOSAURUS BRANCAI

LÄNGE: bis zu 26 Meter vom Kopf bis zur Schwanzspitze

GEWICHT: vermutlich bis zu 37 Tonnen

NAHRUNG: Pflanzen

LEBENSRAUM: Afrika

BESONDERHEIT: Im Jahr 2009 erhielt der afrikanische Brachiosaurus aufgrund von Unterschieden zu seinem amerikanischen Vetter einen neuen Namen. In Fachkreisen wird er seitdem *Giraffatitan brancai* genannt

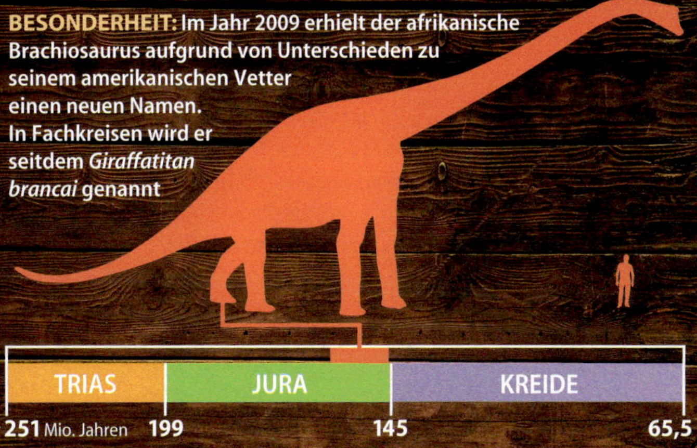

Backe, backe, Dino!

Dinos im Kuchen suchen? Auf diese Idee ist noch kein Urzeit-Forscher gekommen. Dabei zeitigt solch eine Ausgrabung Erfolg – wenigstens, wenn es sich um knusprige KEKSKÜCHLEIN nach unserem Rezept handelt

PRODUKTION: AMIN HUSCHI, BARBARA LICH

Für 4 Stück; Zubereitungszeit: 1 Stunde; Backzeit: 3 Stunden

Zutaten für die Keks-Dinos:

125 g Mehl • 60 g Butter • 30 g Zucker • 1 Ei • 1 Prise Salz • etwas Mehl zum Ausrollen des Teiges • Frischhaltefolie

1 Mischt Mehl, Butter, Zucker, Salz und das Ei in einer Schüssel und knetet aus den Zutaten einen glatten, festen TEIG. Formt aus dem Teig eine Kugel, wickelt diese in Frischhaltefolie ein und stellt sie für mindestens 30 Minuten in den Kühlschrank.

2 In der Zwischenzeit ladet ihr euch von unserer Internetseite die VORLAGEN für alle vier Keks-Dinos herunter – und zwar unter **www.geolino.de/keksdino**. Druckt die Vorlagen aus und schneldet die Dinos entlang der Umrisse aus. Fertig sind eure Schablonen! Wer weder Computer noch Drucker zur Hand hat: Ihr könnt euch natürlich ebenso gut Schablonen selber zeichnen. Wichtig ist, dass die Tiere höchstens etwa handgroß sind.

3 Bestreut eure saubere Arbeitsfläche mit Mehl. Holt den Teig aus dem Kühlschrank, knetet ihn einmal durch und rollt ihn dann auf der bemehlten Fläche mit einem Nudelholz aus. Schnappt euch die Dino-Schablonen, legt sie auf den Teig und ritzt die FORMEN vorsichtig mit einem spitzen Messer aus. Die Augen drückt ihr anschließend mit dem Messer in den Teig, die Krallen ritzt ihr ein. Legt die Keks-Dinos dann auf ein Brettchen und stellt sie für etwa 30 Minuten ins Gefrierfach.

Zutaten für den Baiser-Boden:

4 Eiweiß
1 Prise Salz
250 g Zucker

1 Nehmt die vier Eier, trennt vorsichtig Eiweiß und Eigelb voneinander und gebt das Eiweiß in eine Schüssel. Vorsicht: Es darf nicht mal einen Hauch von Eigelb enthalten, sonst wird es später nicht steif! Auch die Quirle und die Schüssel müssen sauber und fettfrei sein. Schlagt das EIWEISS nun mit einem Handrührgerät schaumig. Fügt 50 Gramm ZUCKER hinzu und schlagt das Gemisch, bis es steif ist. Jetzt gebt ihr den restlichen Zucker und das Salz in die Schüssel und hebt beides mit dem Rührgerät unter die Masse. Der Eischnee muss so fest sein, dass er an den Quirlen hängen bleibt.

2 Legt Backpapier auf zwei Bleche. Füllt den Eischnee in einen Spritzbeutel und spritzt damit je zwei BAISER-BÖDEN auf die beiden Bleche. Am besten geht das, wenn ihr die Masse gleichmäßig spiralförmig von außen nach innen spritzt. Die Böden sollten jeweils einen Zentimeter dick sein und einen Durchmesser von rund 15 Zentimetern haben, also etwa so viel wie eine Untertasse. Habt ihr keinen Spritzbeutel zur Hand, nehmt ihr pro Boden einen gut gehäuften Esslöffel von der MASSE, kleckst sie auf die Bleche und verstreicht sie zu einem Kreis.

3 Nehmt die Keks-Dinos aus dem Gefrierfach und legt sie auf die vier Böden. Spritzt oder kleckst sie nun mit der restlichen Baiser-Masse zu. Schiebt die Bleche dann in den vorgeheizten OFEN und backt sie bei 100 Grad Celsius rund drei Stunden lang. Wechselt nach der Hälfte der Zeit die Bleche: das untere muss auf die obere Schiene, das obere auf die untere. Achtung: Verbrennt euch nicht dabei!

Unser Tipp:

Serviert die Kekskühlein wie echte Archäologen – mit einem Löffel zum Schaufeln und einem Pinsel zum Säubern. Viel Spaß beim Graben, Bröseln, Naschen!

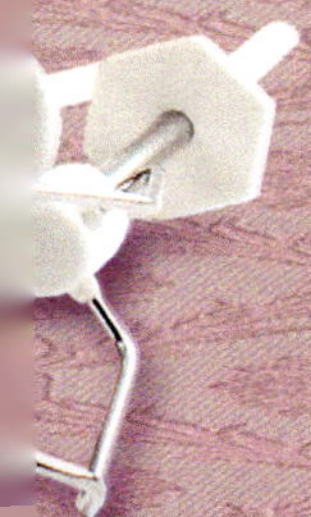

Vorsicht, **TYRANNOSAURUS** voraus, warnt dieses Schild. Dinosaurier-Fans haben es in jenem Teil des US-Bundesstaates South Dakota aufgestellt, in dem im Sommer 1990 das größte Skelett eines *Tyrannosaurus rex* gefunden wurde. Es ist heute unter dem Namen »Sue« bekannt

SUE, EIN KILLER IM ÜBERFORMAT

Sie ragte fast acht Meter in die Höhe, war schwerer als ein Elefant und lief schneller auf ihren zwei Beinen, als mancher Mensch Fahrrad fährt. Sue ist DER BEKANNTESTE RAUBSAURIER der Welt. Trotzdem kommen die Forscher nur Stück für Stück dahinter, wie es gewesen sein muss: das Leben als *Tyrannosaurus rex*

TEXT: SINA LÖSCHKE

Den Kampf „Winzlinge gegen Gigant" hat Sue verloren. Die Riesenechse liegt ermattet am Boden und atmet kaum noch. Sie kann weder den Kopf heben noch die Beine bewegen. Seit Wochen hat Sue keine Beute gerissen. Dabei ist sie doch ein *Tyrannosaurus rex*! Kurz: T. rex! Ein Killer im Überformat! Einer der größten Fleischfresser, die jemals über den Planeten Erde gestapft sind! Wenn Sue sich aufrichten würde, könnte sie theoretisch vom Erdboden aus in der dritten Etage eines Hauses die Blumen vom Balkon fressen. Theoretisch, denn erstens gibt es noch keine Balkone, zweitens wird das Tier nie wieder aufstehen und drittens ist Grünzeug keine Nahrung für Tyrannosaurier. Und selbst wenn Sue es wollte, sie könnte jetzt nichts mehr herunterwürgen. Ihr Hals und die Mundhöhle sind entzündet. Der ganze Schlund brennt wie Feuer. Jedes Schlucken erzeugt Höllenqualen.

Das ist der Sieg der Winzlinge! Trichomonaden, mikroskopisch kleine Geißeltierchen, haben sich in Sues Maul eingenistet. Sie sind vermutlich durch eine Wunde im Zahnfleisch in ihren Körper eingedrungen und wüten nun in den Mundschleimhäuten. Ein klebriger Belag überzieht Rachen und Hals des Dinosauriers. Doch damit nicht genug: In den Unterkie- ▸

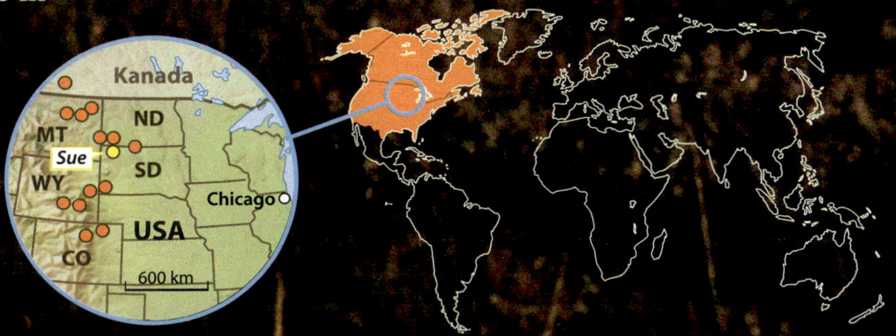

Offenbar lebte der *Tyrannosaurus rex* ausschließlich in **NORDAMERIKA**: Nur dort hat man Überreste gefunden – bislang von mehr als 45 Tieren. Die meisten davon wurden in den US-Bundesstaaten Montana, Wyoming, Colorado, North und South Dakota freigelegt. Wichtige Fundstellen sind in der Karte als Punkt markiert ferknochen fressen die Eindringlinge Löcher, so groß, dass ein Mensch seinen kleinen Finger hindurchstecken könnte. Der Gigant blickt nach 28 Jahren auf Erden hilflos seinem Ende entgegen.

Dabei war es bisher immer Sue gewesen, die den anderen Waldbewohnern Angst und Schrecken eingejagt hatte! Durch ihre schiere Kraft und Körpergröße – und durch ein Gebiss, das bis heute seinesgleichen sucht: Öffnete Sue das Maul, blitzte eine Armada von Säbelzähnen hervor. Ein jeder bis zu 30 Zentimeter lang und besetzt mit winzig kleinen Zacken – Mikrodolchen, spitz und scharf. Wann immer Sue zubiss, trieb sie ihrem Opfer ein ganzes Waffenarsenal ins Fleisch und riss tiefe Wunden. Sollte einer der rund 60 Zähne beim Zubeißen abbrechen – kein Problem: Sie wuchsen sowieso alle zwei bis drei Jahre nach.

Mit ihren langen, stahlharten Zähnen, die 15 Zentimeter aus dem **KIEFER** ragten, bissen die Raubsaurier sogar Knochen durch. Die Säbelform der Beißer verhinderte, dass ihnen die Beute wieder entglitt

Ebenso rekordverdächtig: die Beißkraft. Die Kiefer eines *Tyrannosaurus rex* schnappten mit einer Wucht zu, die alles weit übertrifft, was wir von heute lebenden Tieren kennen. Egal ob Schenkelknochen, Rippen oder Schädel – was immer der Raubsaurier zu fassen bekam, zersplitterte zwischen seinen Zähnen und Kieferknochen. Den dazu notwendigen Druck erzeugten Sues kräftige Kiefer- und Nackenmuskeln. Die Riesenechse war schon im zarten Jugendalter stark genug, um ein etwa 50 Kilogramm schweres Beutetier fünf Meter hoch in die Luft zu schleudern.

Wie Sue und ihre Artgenossen dieser Beute jedoch nachstellten, darüber streiten Experten heute. Die langen Hinterbeine mit den vogelähnlichen Füßen lassen vermuten, dass die Raubsaurier schneller laufen konnten als Beutetiere wie der Entenschnabelsaurier. Lange Hetzjagden scheiden allerdings aus. Sue wog 6400 Kilogramm – mehr als ein ausgewachsener Elefantenbulle. Mit diesem Gewicht dürfte sie selbst bei großem Hunger nicht schneller als Tempo 40 gerannt sein. Und das auch nur über kurze Strecken.

Ein Giga-Gewicht macht Jäger langsam. Die meisten Wissenschaftler glauben deshalb auch, dass sich Sue die Futtersuche gelegentlich erleichterte, indem sie sich wie ein Geier auf die Kadaver toter Tiere stürzte. Ihre Nase dürfte faulendes Fleisch über weite Strecken erschnuppert haben. Und mit ihren nach vorn gerichteten Augen sah der Tyrannosaurus wahrscheinlich nicht nur so scharf wie ein Adler. Sue konnte auch räumlich gucken! Vermutet wird zudem, dass die Raubsaurier tiefe Töne besonders gut hören konnten. Tobte also in größerer Entfernung ein Kampf auf Leben und Tod, dürfte ihnen ein solcher Tumult nicht entgangen sein.

Trotz dieser feinen Sinne und ihres Mega-Gebisses spricht aber vieles dafür, dass Sue eben kein Hollywood-Monster war, das blutrünstig über alles herfiel, was nicht rechtzeitig die Flucht ergriff. Die Könige der Raubsaurier waren vielmehr wählerisch. Sie machten vor allem Jagd auf Junge anderer Dinosaurier-Arten. Deren Nachwuchs war so schmächtig, dass er den Riesenechsen kaum gefährliche Verletzungen zufügen konnte. Anders als etwa die eigenen Artgenossen!

Untereinander kannten die Riesenechsen nämlich keine Freunde. Sie kämpften miteinander und

Schuss in die **HÖHE**: Ab ihrem 14. Lebensjahr wuchsen Tyrannosaurier so schnell, dass man fast dabei zuschauen konnte. Zwei Kilogramm nahmen sie pro Tag zu – genug, um mit 18 Jahren bis zu 6400 Kilogramm zu wiegen

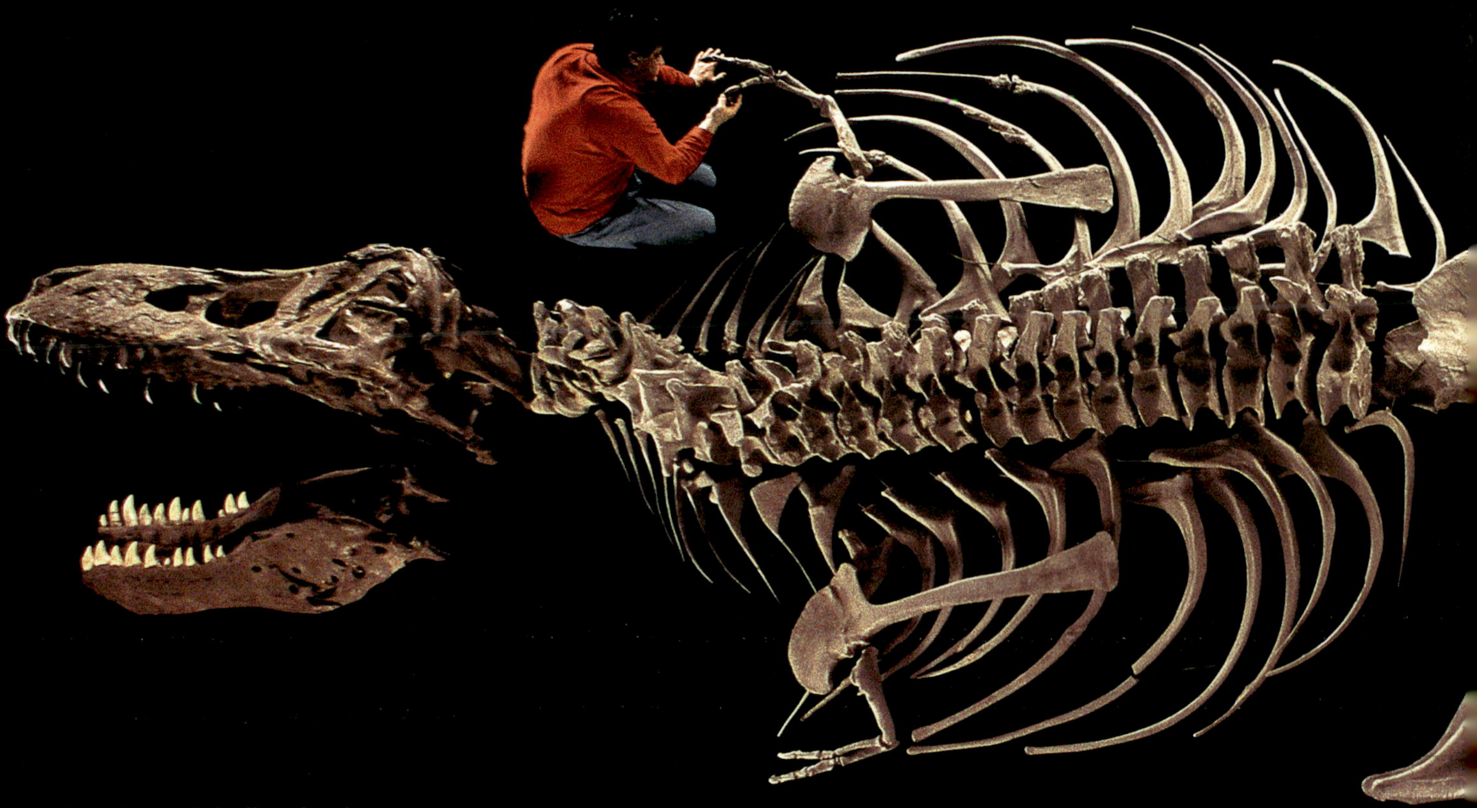

Hier erstrahlen Sues Originalknochen im Scheinwerferlicht. Das **SKELETT** des Tyrannosauriers ist im Field Museum in Chicago ausgestellt und gehört zu den besterforschten der Welt

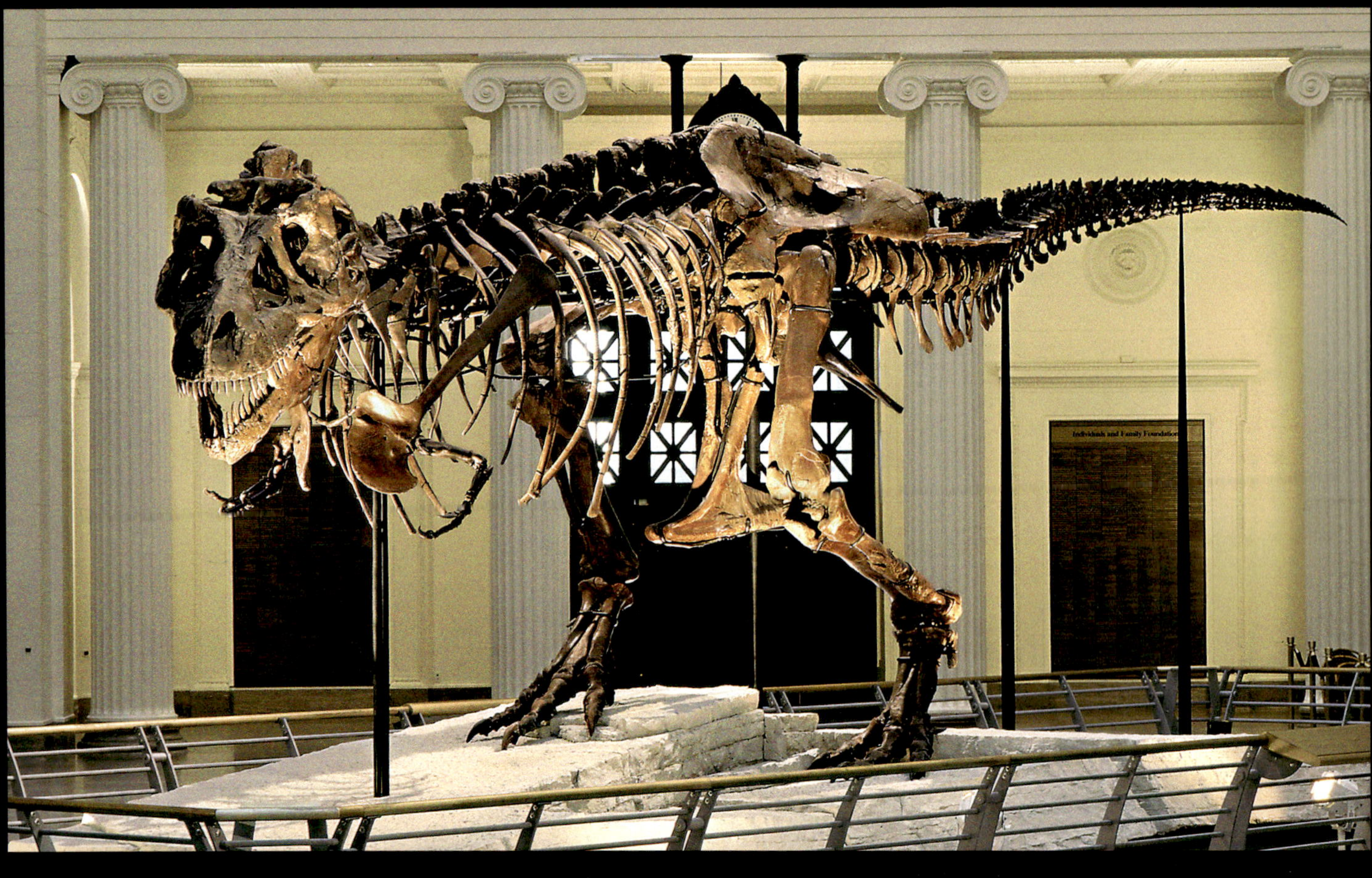

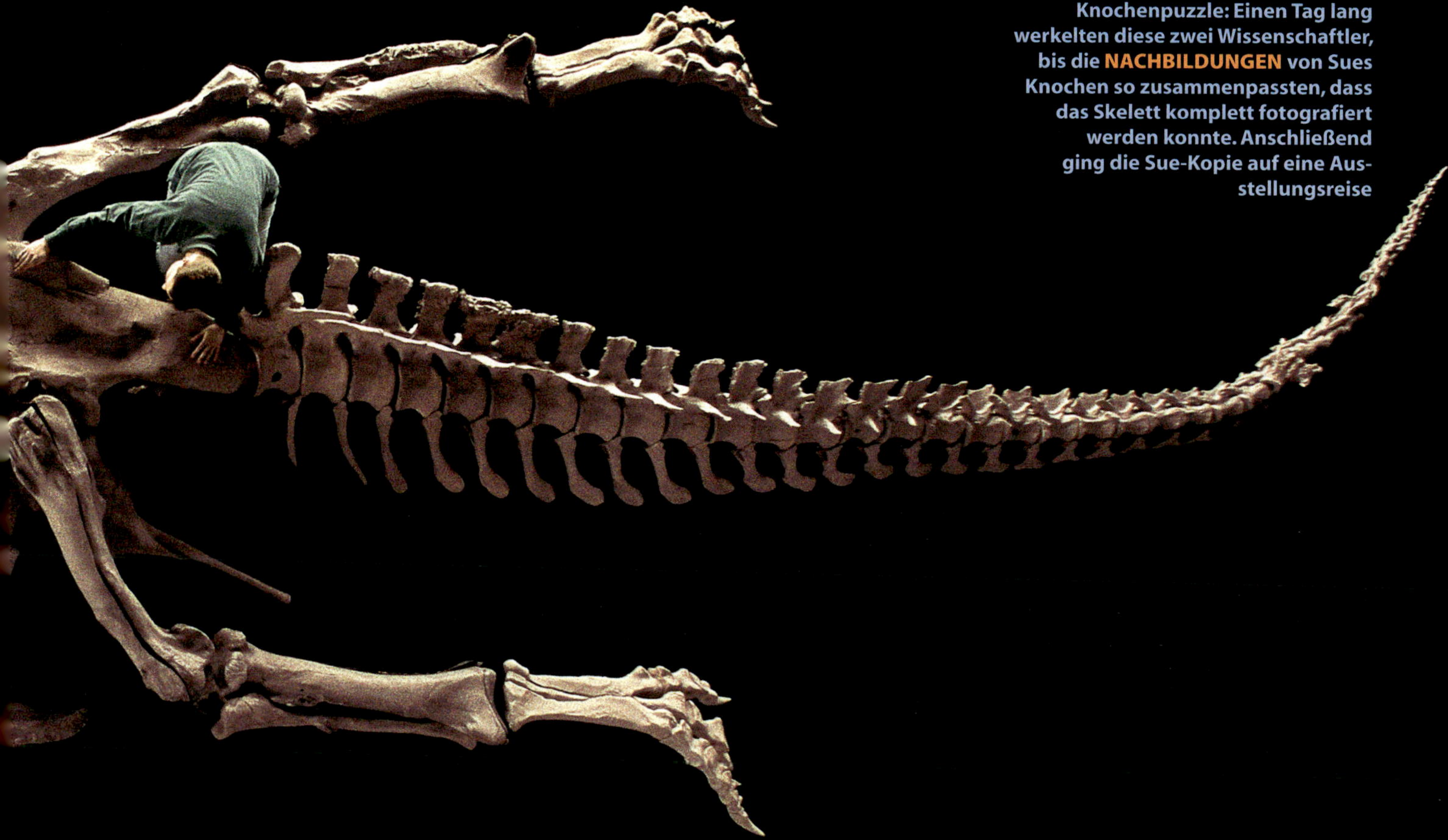

Knochenpuzzle: Einen Tag lang werkelten diese zwei Wissenschaftler, bis die NACHBILDUNGEN von Sues Knochen so zusammenpassten, dass das Skelett komplett fotografiert werden konnte. Anschließend ging die Sue-Kopie auf eine Ausstellungsreise

bissen dabei auch mal heftiger zu. In einer solchen Rangelei könnte sich Sue mit den Trichomonaden angesteckt haben. Die Geißeltierchen schwammen vielleicht im Speichel ihres Gegners. Am Ende bezwangen die Winzlinge den riesigen Fleischfresser. In einer Flusslandschaft auf dem Gebiet des heutigen US-Bundesstaates South Dakota tat Sue ihren letzten Atemzug.

Doch 67 Millionen Jahre später erblickte sie ein zweites Mal das Licht der Welt. Die US-amerikanische Archäologin Sue Hendrickson entdeckte am 12. August 1990 die Überreste des Tyrannosaurus. Sues versteinertes Skelett, bestehend aus mehr als 200 Knochen, wurde in den folgenden Monaten vorsichtig ausgegraben, gereinigt, wieder zusammengesetzt – und nach seiner Entdeckerin benannt. Es gilt bis heute als das größte Tyrannosaurus-Skelett, das jemals gefunden wurde – mit mehr Knochen als bei allen anderen. Zahllose Dino-Forscher haben Sue inzwischen vermessen, ihre Knochen geröntgt und 3-D-Modelle von allen Körperteilen angefertigt. Auf eine ganz wichtige Frage aber wissen sie noch immer keine genaue Antwort: War Sue ein Weibchen oder ein Männchen? ●

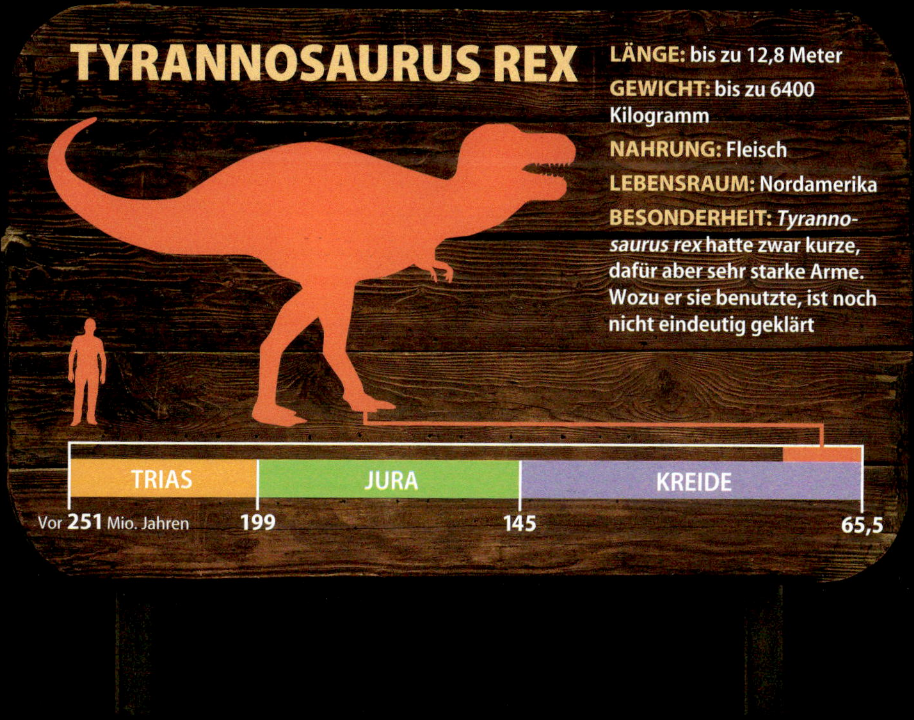

WIE HEISST DU?

Das Dino-Namenskuddelmuddel

Bei vielen Sauriernamen bricht man sich fast die Zunge. Warum eigentlich, hat sich GEOlino-Redakteurin Sina Löschke gefragt. Bei ihrer Recherche ist sie auf ERSTAUNLICHE ANTWORTEN gestoßen – und auf ehrgeizige Wissenschaftler, die aus Eitelkeit jede Gründlichkeit vergessen haben

ILLUSTRATION: NILS FLIEGNER

Mein Gedächtnis muss eine Fehlschaltung haben! Wann immer ich einen Dinosauriernamen lese, verschwindet diese Information auf Nimmerwiedersehen in einem tiefen Loch. Einigen Arten gelingt es noch, sich am Rande dieses Abgrundes festzuklammern. TYRANNOSAURUS gehört dazu, ebenso STEGOSAURUS: Kann ich mir merken, kriegt meine Zunge hin, ohne sich zu verknoten. Wie aber bitte soll man THECODONTOSAURUS abspeichern? Oder gar EUSTREPTOSPONDYLUS? Da drehen ja die Augen beim Lesen schon Achten: EU-STREP-TO-SPON-DY-LUS! Es scheint fast, als hätten die Namensgeber die Buchstabenfolge ausgewürfelt. Frei nach dem Motto: Je unlesbarer, desto besser! Oder steckt hinter dem Ganzen doch ein System?

Natürlich! Die meisten Dinosauriernamen verraten etwas über das Tier, zu dem sie gehören. Das Dumme dabei ist: Um daraus eine Eselsbrücke zu basteln, muss man alte Sprachen können. Denn die Wissenschaftler greifen zu griechischen oder lateinischen Wörtern, wenn sie eine neue Art taufen. Als sie zum Beispiel im Jahr 1889 einen Dinosaurier entdeckten, der drei Hörner auf der Stirn trug, wählten sie Griechisch und übersetzten „drei" mit TRI, das „Horn" mit KERAS und „Gesicht" mit OPSIS. Zusammengezogen und verkürzt ergab das TRICERATOPS.

Ein Tier aufgrund seiner Eigenschaften zu benennen, funktioniert allerdings nicht immer. Von einigen Arten gibt es ja nicht mehr als ein paar Zähne oder versteinerte Schwanzknochen. Also kommt so mancher Entdecker auf die Idee, sich selbst im Dino-Namen zu verewigen.

Der ABELISAURUS etwa verdankt Roberto Abel seinen Namen. Auch interessant: Der GASOSAURUS. Er heißt so, weil sein Skelett am Bohrloch einer chinesischen Gasfirma gefunden wurde… Wobei mir an dieser Stelle einfällt: Das Wort SAURUS stammt ebenfalls aus dem Griechischen und bedeutet „Echse".

Wenn euch das alles noch ganz klar und logisch erscheint, dann solltet ihr mal mit Michael Benton von der Universität im englischen Bristol reden. Benton hat vor zwei Jahren alle bekannten Dinosauriernamen aufgelistet, miteinander verglichen und die dazugehörigen Fachartikel überprüft. Das Ergebnis: von 1401 Namen waren 726 falsch, weil sie…

… entweder längst an ein anderes Tier vergeben waren,

… oder zu keiner wirklich neuen Dino-Art gehörten,

… oder das Knochenmaterial eigentlich nicht ausreichte, um eine neue Art zu bestimmen,

… oder das Tier einer falschen Sauriergattung zugeordnet worden war.

Wie, bitte schön, fragen wir uns, konnte es zu einem solchen Chaos kommen? Schuld daran sind unter anderem überehrgeizige Forscher wie die beiden US-Amerikaner Othniel Marsh und Edward Cope. Die zwei begannen vor 140 Jahren darum zu wetteifern, wer von ihnen die meisten Dinosaurier-Skelette ausgräbt und mit seinen Neuentdeckungen Schlagzeilen macht. Othniel Marsh gelang das in drei Jahrzehnten 80-mal.

Leider, so weiß Michael Benton, waren nur 23 seiner Funde wirkliche Neuentdeckungen. Sein Konkurrent Edward Cope vergab insgesamt 64 neue Dinosauriernamen. Von ihnen sind heute nur ganze neun noch gültig. Eine größere Erfolgsquote hat da der chinesische Dinosaurier-Papst Xu Xing: Seine 24 Neuentdeckungen tragen bis heute jene Namen, die sich der Professor ausgedacht hat. Der MICRORAPTOR etwa gehört dazu – und ist ausnahmsweise auch ganz leicht zu merken. Wie aber hieß gleich noch mal das Dreihorn: TRICERAZOPZOP…?

Große **AUSWAHL:** Mit den Silbenbausteinen, die von griechischen und lateinischen Wörtern stammen, findet sich für jeden Dino ein ausgefallener Name

Zeugen der Urzeit

SIE HABEN MIT DEN SAURIERN GELEBT

Das Massensterben am Ende der Dinosaurierzeit hat nicht alle Tiere und Pflanzen das Leben gekostet. Einige wenige Arten haben sogar BIS HEUTE DURCHGEHALTEN – indem sie sich zum Beispiel in der Tiefe des Ozeans versteckten oder neue Verhaltensweisen entwickelten. Wessen Stammbaum bis in die Dino-Zeit zurückreicht? GEOlino extra klärt auf

Wer unter den Schirmen neuseeländischer **BAUMFARNE** spazieren geht, dürfte eine Ahnung davon bekommen, wie es in den feucht-warmen Wäldern der Dinosaurier-Welt ausgesehen haben könnte. Einige der heutigen Baumfarnarten entwickelten sich nämlich zeitgleich mit den Riesenechsen. Abdrücke und Versteinerungen ihrer Wedel finden sich heute in vielen Gesteinsschichten

Auf den ersten Blick könnte das **TUATARA** ein zu klein geratener Cousin der Dinosaurier sein: Es sieht zum einen aus wie eine Echse. Zum anderen blickt es auf eine ebenso lange Geschichte zurück. Die Vorfahren dieses Reptils gingen schon vor 200 Millionen Jahren auf Insektenjagd. Mit Ankylosaurus und Co. verbindet sie trotzdem nichts. Tuataras gehören zu einer eigenen Tierordnung, sie leben heute nur noch in Neuseeland

Unter diesem Panzer steckt ein Meerestier, dessen Gestalt sich seit fast 300 Millionen Jahren nicht verändert hat. Es heißt **PFEILSCHWANZKREBS**. Lasst euch von dem Namen aber nicht täuschen! Dieses lebende Fossil ist enger mit den Spinnen verwandt als mit Krebsen. Es ernährt sich jedoch wie eine Krabbe von Muscheln und Würmern

Diese Blätter stammen von einem **GINKGO.** Die Baumart aus Ostasien ist die einzige Überlebende einer Pflanzenfamilie, deren Sprösslinge schon vor rund 250 Millionen Jahren grünten. Kein Wunder, die Bäume sind hart im Nehmen. Sie wachsen heute sogar in Regionen mit besonders stark verschmutzter Luft

Fotos von diesem Urzeit-Wesen sind so selten wie eine Mondfinsternis. Der **KRAUSENHAI** lebt nämlich in der Tiefsee. Die Lebensbedingungen dort unten, in rund 600 bis 1200 Meter Tiefe, haben sich seit einer Ewigkeit kaum verändert. Ein Glücksfall für den Hai! So hat er vom Saurier-Massensterben an der Oberfläche nichts mitbekommen. Forscher gehen davon aus, dass die Fischart schon vor 95 Millionen Jahren so durch den Ur-Ozean schwamm wie heute

Gruppentaxi: Sieben Junge trägt dieses **VIRGINIA-OPOSSUM** auf seinem Rücken. Das katzengroße Beuteltier gehört zwar zu den jüngeren Arten der Opossum-Familie. Fossilienfunde aus China und Nordamerika beweisen aber, dass die allerersten Beuteltiere schon vor 125 Millionen Jahren lebten – und in etwa so aussahen wie dieses Weibchen

Ob ein solches »Nadelkissen« wirklich schon zu Zeiten der Dinosaurier seinen Rüssel in Laubhaufen steckte? Die Antwort ist umstritten. Die ältesten bekannten Knochen stammen von Langschnabeligeln, die erst vor etwa 13 Millionen Jahren lebten. Zumindest deren Vorfahren aber dürften die Regentschaft der Riesenechsen miterlebt haben: **LANGSCHNABELIGEL** sind nämlich mit Schnabeltieren verwandt, und deren Sippe ist wirklich steinalt (siehe rechte Seite)

Die Urahnen von Krabblern wie der **KÜCHENSCHABE** finden Wissenschaftler meist eingeschlossen in Bernstein. Ihr Alter verraten die Fossilien dennoch. Aus diesem Grund weiß man zum Beispiel, dass schabenähnliche Insekten schon vor über 250 Millionen Jahren die Erde bevölkerten. Die Urzeit-Kakerlaken konnten fliegen und hatten dieselben Leibspeisen wie heutige Schaben: Insektenkot und verrottendes Laub

Meeresreptilien wie diese **LEDERSCHILDKRÖTE** kommen nur an Land, um dort ihre Eier abzulegen. Den Rest ihres Lebens verbringen die Tiere im Meer. Diese Vorliebe fürs kühle Nass ist keine moderne Marotte. Im Gegenteil! Schildkröten paddelten schon vor 164 Millionen Jahren durch Seen und Flüsse. Davor allerdings mieden die Panzerträger das Wasser. Warum? Sie konnten vermutlich noch nicht schwimmen, glauben Forscher

Wenn sich ein **RIESENSCHACHTELHALM** heute dem Sonnenlicht entgegenstreckt, wachsen seine Triebe auf eine Länge von maximal zwei Metern. Zwergenhaft, verglichen mit den Riesenschachtelhalmen, an denen sich die Langhals-Dinosaurier satt fraßen. Die Urpflanzen waren stattliche Bäume mit bis zu zehn Meter langen und einem Meter dicken Stämmen

Dieser Tentakelträger ist einer der letzten Vertreter einer einstigen Großmacht. **NAUTILUS**, auch Perlboot genannt, gehört zur Tierklasse der Kopffüßer. Deren Mitglieder begannen vor etwa 500 Millionen Jahren, das Meer zu erobern. Manche von ihnen wurden bis zu zehn Meter lang, starben aber mit den Dinosauriern aus. Allein die sieben Nautilus-Arten, die heute noch durch die Ozeane schwimmen, erinnern an die Urform – wenn auch im Kleinformat

Ungelogen: Dieser Flossenschwimmer legt Eier wie ein Huhn, gibt Milch wie eine Kuh und verteidigt sich wie eine Schlange mit Gift. Das **SCHNABELTIER** ist eine regelrechte Mischform aus Säugetier und Reptil. Sie entstand vor rund 220 Millionen Jahren, lange vor den ersten echten Säugetieren. Für Evolutionsforscher ist der australische Flussbewohner deshalb mindestens so spannend wie zehn neu entdeckte Dinosaurier auf einmal

Aufgepasst! Dieses welke Geschöpf aus der afrikanischen Namibwüste ist ein Rekordhalter der Extraklasse. Zum einen kann jede einzelne **WELWITSCHIA MIRABILIS** bis zu 3000 Jahre alt werden. Zum anderen gedeiht die Wüstenblume seit vermutlich mehr als 105 Millionen Jahren in der heißen und extrem wasserarmen Gegend. Das Urzeit-Gewächs gab es also schon vor dem *Tyrannosaurus rex*

Schulausflug in die Urzeit

Wer Überreste aus der Urzeit entdecken will, braucht ein gutes Auge, Geduld – und einen geeigneten Ort zum Ausgraben. Der zehnjährige Justin hat also beste Chancen: Mit seiner Schulklasse ist er im MUSEUMSPARK RÜDERSDORF bei Berlin unterwegs. Hier wurde schon ein vollständiges Saurierskelett gefunden

TEXT: VERENA LINDE
FOTOS: MARC BECKMANN

Justin hat versteinerte ABDRÜCKE gefunden (links). Die Muscheln, die die Spuren hinterließen, lebten vor mehr als 200 Millionen Jahren. Rowena hämmert derweil einen Kalzitkristall vom FELSEN (rechts)

In Rüdersdorf wird heute Kalkstein abgebaut. Der enthält zahlreiche Spuren aus der Trias. Damals war hier noch ein MEER, viele seiner Bewohner haben als Versteinerungen die Jahrmillionen überstanden

Der tellergroße Stein, den Justin in den Händen hält, ist über 200 Millionen Jahre alt. Ehrfürchtig streicht der Zehnjährige mit seinen Fingern über die kleinen, runden Hügelchen auf der Oberfläche des Brockens. Er überlegt einen Moment. „Das könnten Abdrücke einer Muschel sein", sagt er und zeigt auf die Erhebungen. Justin kniet sich in den Staub am steilen Abhang des Kalksteinbruchs. Der Junge greift zum Hammer und beginnt, seinen Fund damit vorsichtig zu bearbeiten. Schließlich interessieren ihn die „spurlosen" Teile des Brockens nicht, sondern nur die Versteinerung. Splitter spritzen in alle Richtungen. Dann scheint Justin mit dem Ergebnis zufrieden und er steckt den Fund in eine weiße Plastiktüte. Die Suche geht weiter.

Justin ist Paläontologe, also Urzeit-Forscher. Natürlich nicht so richtig. Echte Paläontologen beschäftigen sich jahrein, jahraus mit den Lebewesen vergangener Erdzeitalter, Justin tut das nur zwei Tage lang. Dafür ist er nicht allein: Justin ist mit seiner ganzen Klasse hierhergekommen, 24 Jungen und Mädchen, aus dem nahen Berlin ▸

Fast so aufregend wie die Urzeit-Funde finden die Jungen und Mädchen die holprige Rückfahrt im GELÄNDEWAGEN (links). Ziel ist der ZELTPLATZ (rechts). Hier, auf dem Gelände des Museumsparks, werden sie die Nacht verbringen

in den Museumspark Rüdersdorf. Dessen wichtigster Teil ist die Kalksteingrube. Die ist nicht nur riesig groß, über 100 Meter tief und vier Kilometer lang. Sie wurde auch schon oft von echten Urzeit-Experten aufgesucht. Denn das Gestein steckt voller Fossilien.

Hier, wo Justin und die anderen mit Helmen, Schutzbrillen und Hämmern ausgerüstet den Boden absuchen, wogte vor 240 Millionen Jahren noch ein Meer – ein Teil des „Germanischen Beckens". Es trocknete mit der Zeit aus. Die Überreste zahlloser Tiere und Pflanzen versteinerten, darunter auch mehrere Saurier. Sogar ein vollständiges Skelett gruben Paläontologen aus, einen Nothosaurier. Der längliche Schwimmer mit seinen vier paddelförmigen Flossen lebte in der Trias, vor rund 200 bis 250 Millionen Jahren, und gehörte zu den ersten Sauriern überhaupt. Nur dank der Rüdersdorfer Funde wissen Forscher heute, wie er ungefähr ausgesehen hat.

Zu gern würde Justin auch so einen Saurier finden, oder wenigstens ein kleines Knöchelchen. „Ich weiß, das ist unwahrscheinlich. Für mich ist es aber auch schon spannend zu lernen, wie das überhaupt funktioniert mit dem Erkennen und Abhämmern der Fossilien", sagt er und bückt sich nach einem neuen Stein. „Auf den ersten Blick sehen die ja alle gleich aus. Man muss wirklich ganz genau hinschauen", erklärt er.

Offenbar hat er einen guten Blick: Nach anderthalb Stunden auf dem versteinerten Meer wiegt seine Plastiktüte mehr als ein prall gefüllter Schulranzen. Wie die anderen legt er Hammer und Schutzbrille zurück in einen Karton. Er wischt sich den Schweiß von den staubigen Wangen und steigt in den Geländewagen. Durch Schlaglöcher und Riesenpfützen rumpelt die Fahrgemeinschaft zurück zum Zeltplatz – dem Basislager der Schüler hier in Rüdersdorf.

Dort nimmt Karola Donner, die Expertin vom Museumspark, die grauen, staubigen Steinbrocken einen nach dem anderen in Augenschein und erklärt jeweils, worum es sich handelt. „Kalzitkristall", urteilt sie etwa, oder „Muschelab- ▸

Karola Donner vom Museumspark erklärt den Schülern Stein für Stein, was sie gefunden haben. In der Hand hält sie einen glitzernden KALZITKRISTALL, er ist schätzungsweise 200 Millionen Jahre alt

Zu dem zweitägigen Abenteuercamp gehört natürlich ein LAGERFEUER (links). Erst als die Sonne gesunken ist, ziehen sich die Schüler mit Taschenlampen in ihre ZELTE zurück

Paläontologen archivieren ihre Funde – die Berliner Schüler ebenso. Dafür bauen sie am zweiten Tag im Naturkundemuseum **SETZKÄSTEN**. Ausmessen, sägen, leimen – Hilfe braucht dabei kaum jemand

Jeweils vier der Fünftklässler teilen sich einen **TISCH** (links). Am Schluss gleicht kein Setzkasten dem anderen. Rowena hat die Größe der **FÄCHER** der Form ihrer Steine angepasst (Mitte). **ZETTEL** mit Beschreibungen der Funde legen die Jungforscher dazu (rechts)

druck“. Oder wenn man Pech hat auch: „Ich glaube, der ist nichts.“ Doch das sagt sie selten. Dann erklärt sie den Nachwuchsforschern: „Wichtig ist, dass ihr dem Fund gleich einen Zettel beilegt, auf dem Fundort, Datum und eine erste grobe Bestimmung notiert sind. Das müssen Paläontologen und Geologen auch.“ Nur so können Fossilien zu nützlichen Zeitzeugen der Erdgeschichte werden.

Justin und die anderen wickeln ihre Steine in Zeitungspapier ein. Die dazugehörigen Notizzettel, die Karola Donner bereits vorbereitet hat, packen sie mit in die Päckchen und stecken sie in ihre Rucksäcke. Für heute ist Feierabend.

Am nächsten Morgen gegen halb sieben surren die ersten Reißverschlüsse der Zelte. Der Himmel ist klar und die Luft kühl. Gute Grabungsbedingungen. Doch heute steht etwas anderes auf dem Programm: Nach dem Frühstück wuchten die Fünftklässler ihr Gepäck auf den Rücken und marschieren zur Bahn. Um halb elf werden sie im Berliner Naturkundemuseum erwartet. Denn sie sollen auch lernen, ihre Funde fachgerecht zu archivieren, also aufzubewahren. Und dazu braucht es Setzkästen. Die aber müssen die Schüler selbst bauen. Deshalb lautet die erste Aufgabe für die Jungen und Mädchen: Holz ausmessen, zusägen und zusammenleimen.

Staub wirbelt durch das Magazin. So heißt der große Raum, in dem Tische und Werkzeuge schon bereitstehen. Er liegt neben dem Hauptgebäude des Museums. Jetzt aber summen und quietschen die Sägen. Justins gesamter Körper wippt bei jedem Armzug mit. Sein Blick löst sich nur selten von der Holzleiste.

Nach anderthalb Stunden ist es geschafft, dann liegt jeder größere Stein in einem eigenen Fach; kleinere Kristallsplitter dürfen sich auch mal eines teilen. Aufbewahrt aber wird alles. Denn jeder Fund kann für die Wissenschaft wichtig sein. Findet beispielsweise ein Paläontologe einen Dino-Knochen und behauptet, der wäre Teil eines bislang unbekannten Tieres, muss er das erst ein- ▸

Vom Wasser in die Vitrine: Dieses versteinerte **SKELETT** eines Nothosauriers fanden Paläontologen in Rüdersdorf – dort, wo auch Rowena Fossilien suchte. Nun hängt es im Berliner Naturkundemuseum

Vorbei am berühmten Skelett des BRACHIOSAURUS laufen Justin und die anderen zum Mikroskopieren (links). Bei 50-facher VERGRÖSSERUNG erscheinen die Funde in einem neuen Licht. Nun können die Schüler sogar die einzelnen Muschelarten bestimmen (rechts)

mal beweisen. Also nimmt er seinen Fund, klappert damit alle Museen ab und vergleicht ihn mit den Knochen, die dort schon lagern. Eine Geduldsprobe. Nur wenn sein Fund tatsächlich keinem anderen gleicht, gilt eine neue Art als entdeckt. Dann darf der Finder ihr einen Namen geben (siehe Seite 34), seinen Fund muss er jedoch auch in einem Museum hinterlegen. Dort können ihn wiederum andere Wissenschaftler mit ihren Entdeckungen vergleichen und überprüfen, ob sie ihrerseits vielleicht etwas Neues ausgebuddelt haben – und so geht das immer weiter.

Bei solchen Vergleichen verlassen sich die Forscher nicht auf ihre Augen. Um ganz sicherzugehen, betrachten sie ihre Funde unter dem Mikroskop. Auch Justin und seine Mitschüler lernen, ihre Steine unter dem Mikroskop zu bestimmen. Justin nimmt einen Brocken aus dem Setzkasten und legt ihn unter das Gerät. Der Stein sieht plötzlich riesig aus. Die kleinen, runden Hügelchen auf der Oberfläche, die kaum einen halben Zentimeter messen, erscheinen jetzt gewaltig groß – und auch gar nicht mehr so rund: An einer Seite sind sie ganz gerade, so als würden lauter Brötchenhälften im Gestein stecken. Und ihre Oberfläche ist ganz fein geriffelt. Justin hebt den Kopf und zieht ein Blatt Papier zu sich heran, auf der eine ganze Liste von Fossilien abgebildet ist. Dann nickt er zufrieden und tippt auf eine der Abbildungen. „Hier, die Nummer sieben. Es sind diese Muscheln, die heißen *Gervilleia socialis*.“ Die Fossilien dieser kleinen Muscheln findet man häufig in den Gesteinsschichten der Trias.

Vorsichtig legt er den Stein zurück in seinen Setzkasten: Auftrag erfüllt. Und weil die Kinder eben doch keine echten Paläontologen sind und vielleicht auch, weil eben doch kein Dino-Knochen dabei war, drücken die Leute vom Museum ein Auge zu: Die Kinder dürfen alle Funde mitnehmen. Justin strahlt. „Wenn ich zu Hause bin, stelle ich die Fossilien bei mir ins Zimmer oder ins Wohnzimmer“, verkündet er, „auf jeden Fall irgendwohin, wo man sie gut sehen kann.“

SO ENTSTEHEN FOSSILIEN

① Aus Fleisch und Blut

Stirbt ein Tier, wie in unserem Beispiel ein Fisch, sinkt es zum Meeresgrund. Dort beginnt der Kadaver zu verwesen: Das Fleisch zerfällt oder wird von anderen Tieren gefressen. Nur das **SKELETT** bleibt zunächst übrig.

② Knochen im Schlamm

Knochen und Gräten werden von **SCHLAMM** bedeckt. Die Mineralstoffe aus der matschigen Schicht dringen nach und nach in die feinen Poren des Skeletts ein und ersetzen die Knochensubstanz.

③ Skelett aus Stein

Immer mehr Erdschichten lagern sich in Jahrmillionen auf dem Fischskelett ab. Dadurch erhöht sich der **DRUCK** und verdichtet die Mineralien zu festem Gestein – dem Fossil.

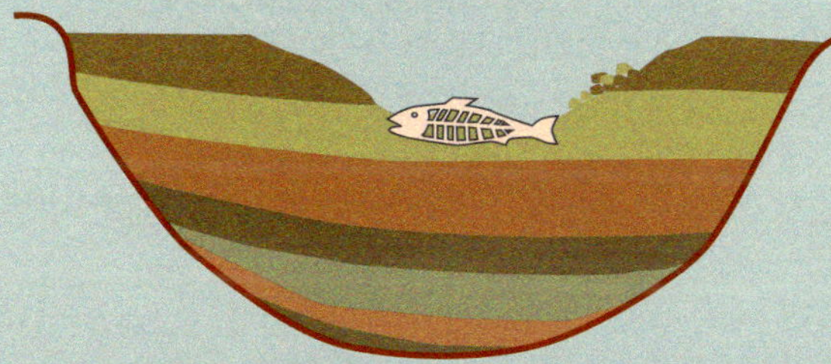

④ Freigelegtes Fossil

Manchmal kommt es vor, dass sich – wie in Rüdersdorf – die Erde über Jahrmillionen hebt und Schichten, die solche Überreste enthalten, wieder an die **OBERFLÄCHE** gelangen. Der Begriff „Fossilien" stammt übrigens von lateinisch „fossilis", was so viel wie „ausgegraben" bedeutet. Die ältesten Fossilien sind rund 3,5 Milliarden Jahre alt und stammen von Bakterien.

Helmpflicht! Auch Fotograf Marc Beckmann und Textredakteurin Verena Linde durften nur mit **KOPFSCHUTZ** in die Fundgrube – und ließen sich dort vom Eifer der jungen Forscher anstecken

NOTHOSAURUS

LÄNGE: bis zu drei Meter

GEWICHT: bis zu 80 Kilogramm

NAHRUNG: Fisch

LEBENSRAUM: Europa, Nordafrika, Asien

BESONDERHEIT: Der Meeresbewohner war amphibisch. Das bedeutet, dass er das Wasser verlassen und an Land leben konnte – zur Not. Denn seine flossenartigen Gliedmaßen machten ihn eher zu einem Schwimmer als zu einem Läufer

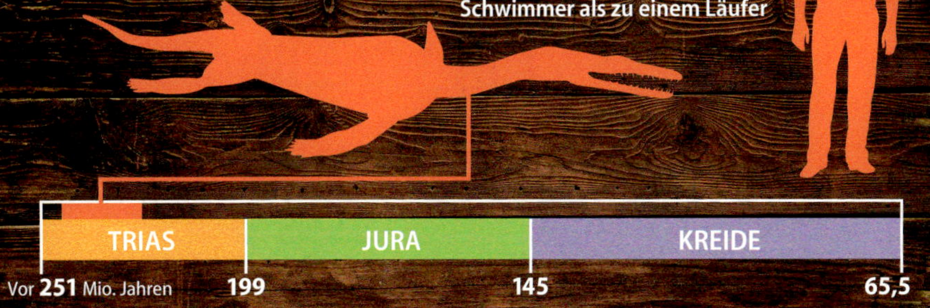

Verrückter geht's immer

Die Saurier sind ausgestorben. Doch manche Dino-Fans scheinen das nicht wahrhaben zu wollen. Sie lassen sich die DIE KOMISCHSTEN DINGE einfallen, um die Riesenechsen wieder zum Leben zu erwecken

Bitte eintreten!

Achtung, Preisfrage: Was befindet sich im Bauch dieser Langhals-Skulptur? A) ein Museum, B) ein Schlafzimmer oder C) eine Kapelle? Die richtige Antwort lautet „C", denn Paul N. Domke, der Erbauer des Urzeit-Zoos in Ossineke im US-Bundesstaat Michigan, begeisterte sich nicht nur für Dinosaurier. Er war auch ein sehr gläubiger Christ und ging oft in die Kirche. Als er dann vor etwa 70 Jahren begann, die Figuren für seinen Dino-Park zu bauen, vermischten sich beide Leidenschaften. Gläubige Parkbesucher können nun im **BAUCH** des Sauropoden beten. Alle anderen dürfen sich wundern – und zwischen den insgesamt 25 Dino-Nachbauten eine Runde Minigolf spielen.

Ein Winzling zeigt Zähne

T. rex ist wieder mitten unter uns – in gewisser Weise jedenfalls. Denn die furchterregende Riesenechse hat einen winzigen Namensvetter bekommen. *Tyrannobdella rex* heißt ein neu entdeckter Blutegel. Die Art lebt in Südamerika in den abgelegenen Flussarmen des Amazonas und kriecht Säugetieren in die Nase, um dort Blut zu saugen. Die Würmer werden zwar nicht länger als fünf Zentimeter. Aus ihrem Kiefer ragen dafür jedoch acht Zähne, die in der Nahaufnahme erschreckend groß anmuten (rechts). Und noch etwas teilen die **BLUTSAUGER** mit ihrem Namensvetter: Einige Vorfahren der Egel haben vermutlich zur gleichen Zeit wie T. rex gelebt. Vielleicht sind sie damals auch ihm schon in die Nase gestiegen.

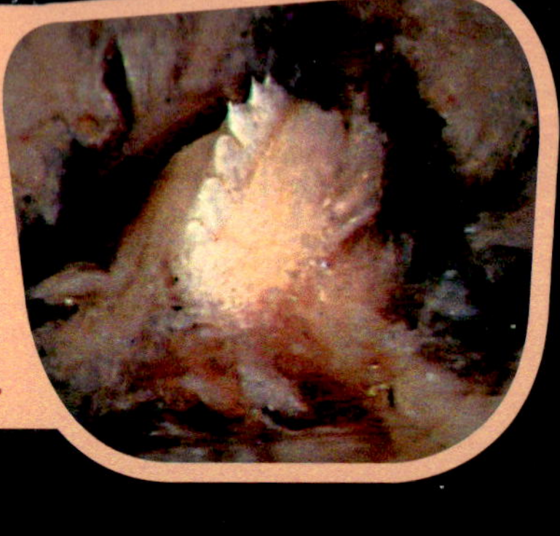

Verbrecherkönig mit besonderem Hobby

Er schmuggelte Drogen, ließ Hunderte Menschen umbringen und galt bis zu seinem Tod im Jahr 1993 als der Verbrecherkönig Südamerikas. Der kolumbianische **DROGENBARON** Pablo Escobar ging aber auch einem harmlosen Hobby nach: Er liebte Dinosaurier. Und zwar so sehr, dass er sich auf seiner Ranch einen eigenen „Jurassic Park" errichten ließ. Darin kämpft ein Triceratops mit einem Klauen-Monster, während sich nebenan ein Tyrannosaurier und ein Apatosaurus beäugen – allesamt in Lebensgröße. Die Figuren haben erst im vergangenen Jahr einen neuen Anstrich bekommen. Statt schwer bewaffneter Bösewichter sollen sich jetzt nämlich Touristen an ihnen erfreuen.

Badeverbot für T. rex

Die Gemeindeverwaltung im englischen Weymouth Bay kennt keinen Spaß. Schon gar nicht, wenn plötzlich ein metallener *Tyrannosaurus rex* vor dem Badestrand des Ortes aus dem Wasser ragt. So geschehen im Sommer 2009. Der Künstler Paul Swaffield hatte die mehr als sechs Meter hohe Figur aus Schrott zusammenschweißen lassen und bei Ebbe mit einem Traktor ins Watt gefahren. „Ich möchte mit dieser Aktion Werbung machen für unsere Region", sagte Swaffield. Schließlich sei die englische Südküste bekannt für ihre Dino-Funde. Die Rettungsschwimmer waren von dieser Werbeidee jedoch nicht begeistert. Sie sorgten sich um die spitzen Rippen der **STAHLFIGUR**. Könnten sie Schwimmern gefährlich werden? Sicherheitshalber holte die Gemeinde das Saurierskelett aus dem Meer – sehr zum Ärger der Strandspaziergänger.

Dreihorn auf dem Laufsteg

Was glänzt denn da auf einem Laufsteg der New Yorker Modewoche? Ein Triceratops als **HANDTASCHE**! Das tragbare Dreihorn wurde von dem britischen Designer Giles Deacon entworfen und begeisterte Zuschauer und Fachleute. Wer die silbergrüne Farbe nicht mag, muss auf einen Glitzer-Dino nicht verzichten: Es gibt die Tasche auch in Weiß und goldfarben.

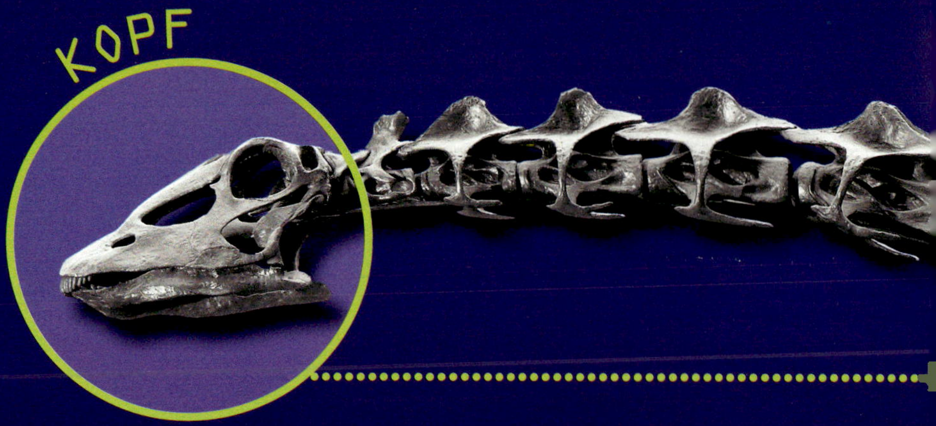

GIGANTEN

Das Geheimnis der Riesenkörper

Ihre Ausmaße waren atemberaubend und sind bis heute unerreicht. Doch warum wurden Langhals-Saurier überhaupt derart groß – und vor allem: wie? Über diesen Antworten brüten Forscher seit Jahrzehnten. Nun haben sich WISSENSCHAFTLER verschiedenster Fachgebiete zusammengetan und Erstaunliches herausgefunden

TEXT: VERENA LINDE

Sie waren einfach gigantisch: Vom Kopf bis zur Schwanzspitze maßen Argentinosaurier 40 Meter, ihr ungeheurer Körper ruhte auf Beinen, die wie Säulen aufragten – so hoch, dass ein Elefant den Sauriern leicht hätte unter den Bäuchen hindurchspazieren können. Und schwer waren die Kolosse! Ein ausgewachsener Argentinosaurier brachte so viel auf die Waage wie fünf Güterwaggons. Kein anderes Landlebewesen erlangte auch nur annähernd diese Größe! Zu keiner Zeit! Das wirft Fragen auf – zum Beispiel: Wie nur konnten die Dinosaurier so riesig werden?

Antworten suchen Wissenschaftler überall auf der Welt – und zwar längst nicht nur Paläontologen, also die Dino-Forscher: Zoologen wie Ingenieure, Mediziner wie Materialforscher versuchen dem Rätsel auf die Spur zu kommen. Dabei setzen sie modernste Technik ein: „Wir scannen Knochen mit Computer-Tomographen, bauen am Rechner das Skelett der Tiere nach und bewegen sie als 3-D-Modelle auf unseren Monitoren", sagt Martin Sander. Er ist Professor an der Universität Bonn und leitet eine 35-köpfige Forschergruppe, die sich schon seit sechs Jahren mit den Sauropoden befasst; so nennt man die vierbeinigen, langhalsigen, pflanzenfressenden Dinos.

Bei Sander laufen alle Informationen zusammen. „Fangen wir ganz vorn an, beim Kopf", beginnt er. „Der ist winzig im Vergleich zum Rest des Körpers. Und zwar aus gutem Grund: Der lange, dünne Hals hätte einen Riesenschädel kaum halten können." Aber

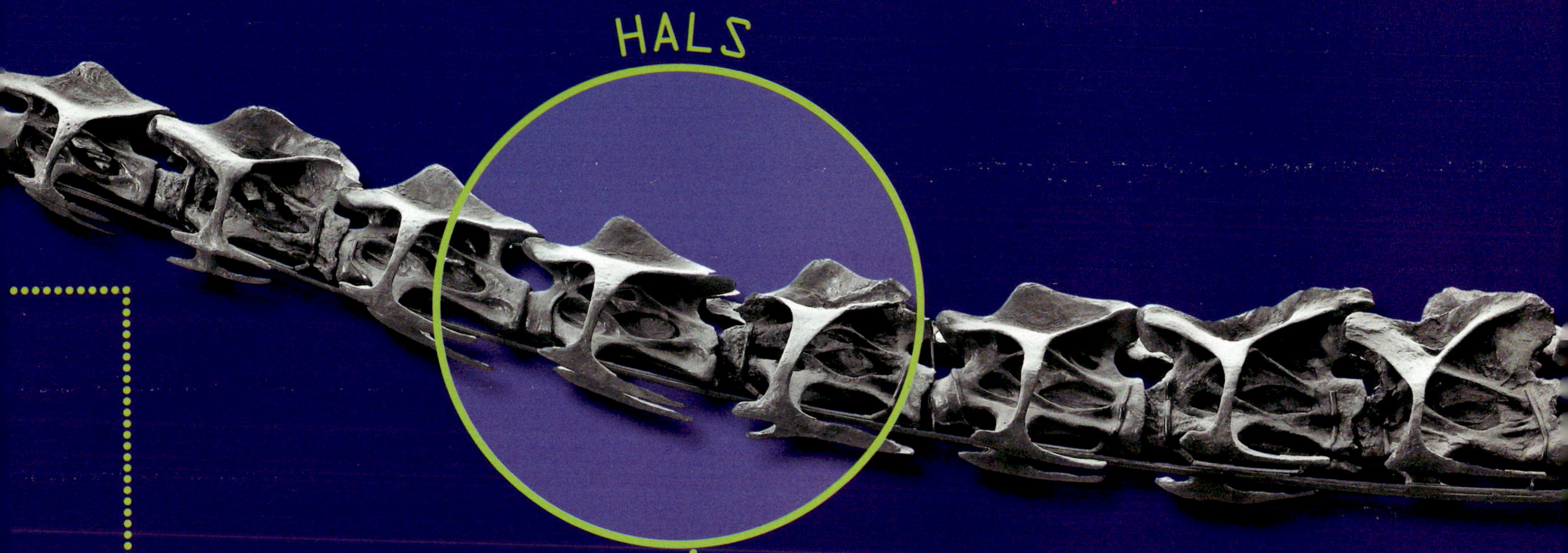

Der Experte

Martin Sander leitet seit 2004 die derzeit größte **DINO-FORSCHERGRUPPE**. Der Paläontologe von der Universität Bonn arbeitet dafür mit Wissenschaftlern verschiedenster Fachgebiete zusammen.

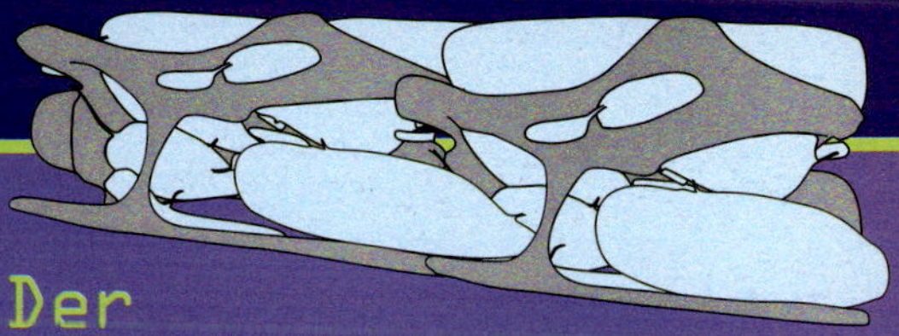

Der Luftballon-Hals

Eines der Erfolgsgeheimnisse der Sauropoden lautete: Luft statt Last. Daniela Schwarz-Wings vom Naturkundemuseum Berlin erforscht, wie es genau funktioniert. Anders als die massiven **HALSWIRBEL** von Säugetieren waren Dino-Wirbel löchrig. In den Zwischenräumen dehnten sich **LUFTSÄCKE** aus, die mit der Lunge verbunden waren. Sie sorgten dafür, dass ein Halswirbel eines Diplodocus gerade einmal ein **DRITTEL** dessen wog, was ein massiver Wirbel dieser Größe, wie ihn etwa Säugetiere haben, auf die Waage gebracht hätte.

klein allein genügt natürlich nicht, auch leicht musste der Kopf sein. Etwa ohne kräftige Zähne und Kiefermuskeln. „Die Schlussfolgerung ist klar", erklärt Sander, „die Sauropoden haben nicht gekaut, nur Blätter abgerupft und diese im Ganzen verschlungen."

Mindestens so spannend wie der Kopf ist der Hals der Riesenechsen, findet Daniela Schwarz-Wings vom Berliner Naturkundemuseum. Sie befasst sich vor allem mit den Wirbelknochen. Bis zu 1,30 Meter misst ein einziger und wiegt dabei etwa 100 Kilogramm. Klingt nach viel, ist es aber gar nicht: „Das Gewicht ist im Verhältnis zur Größe eher gering. Das liegt daran, dass die Wirbel alle löchrig sind wie ein Schweizer Käse", sagt Schwarz-Wings. „Diese Hohlräume waren mit Luftsäcken gefüllt, die vermutlich an die Lunge der Tiere angeschlossen waren. Wie eine Kette aus Luftballons." Dieses Luftsacksystem haben auch Vögel. Es verleiht ihnen die Leichtigkeit zum Fliegen. Die Sauropoden brauchten diese jedoch nicht, um abzuheben – sondern für das pure Überleben: „Mit Wirbeln aus massiven Knochen wäre der Hals unter seinem eigenen Gewicht abgeknickt."

„Wir wollten nun wissen, was die löchrigen Gebilde tatsächlich aushalten, wie stabil sie sind", erzählt Schwarz-Wings. „Deshalb haben wir die Knochen mit einem Computer-Tomographen gescannt und dann das 3-D-Modell am Monitor begutachtet." Dabei wandte die Forscherin eine Methode an, die sonst Ingenieure aus Luft- und Raumfahrt verwenden. „Wenn ▸

Die Einbahnstraßen-Lunge

Atmen ist ein Hin und Her: Wir saugen Luft ein und stoßen sie auf demselben Weg wieder aus. Anders bei Sauropoden: Sie ziehen die Luft erst in mehrere **LUFTSÄCKE 1**, die hintereinander liegen. Mit dem nächsten Atemzug gelangt die Luft in die **LUNGE 2**. Dort nimmt der Körper den Sauerstoff auf. Anschließend verschwindet die Luft nicht auf dem Eingangsweg, sondern füllt weitere **LUFTSÄCKE 3**. Schließlich entweicht sie wieder durch Mund und Nase. Ein geniales Prinzip: Denn mit einem einzigen Atemzug könnte die sauerstoffreiche Luft durch den langen Hals niemals die Lunge erreichen.

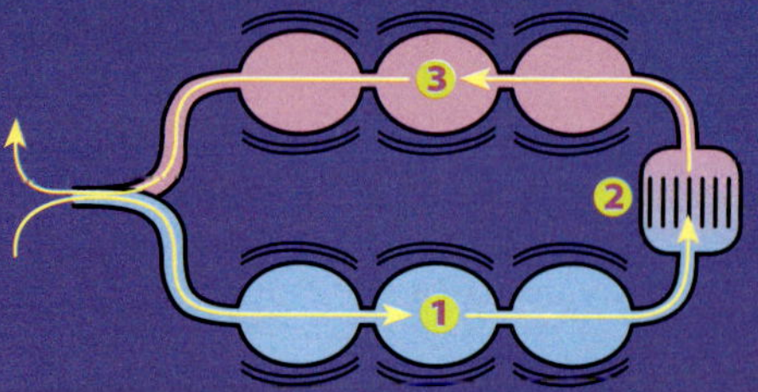

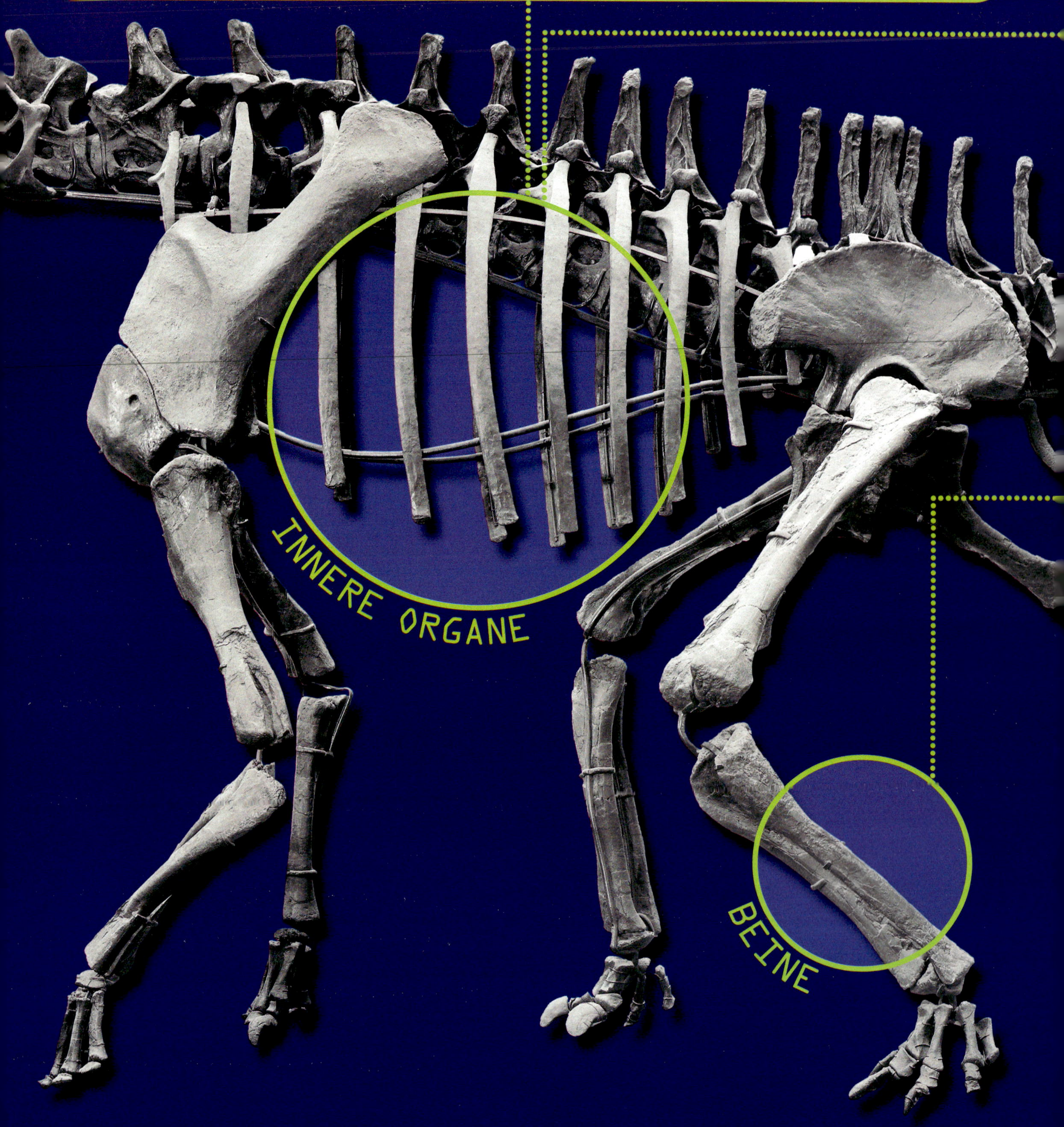

Der Futtertest

Der Speiseplan der Sauropoden bot täglich dasselbe: **ROHKOSTSALAT** – aus Schachtelhalmen, Nadelhölzern, Ginkgo und Farnen. Wie die Riesen davon satt werden konnten, war lange rätselhaft. Dann kam der Bonner Zoologe Jürgen Hummel mit einem Experiment: Er baute den **VERDAUUNGSTRAKT** nach. Dafür vermischte er das Grünzeug mit Bakterien in kleinen Gläschen. An dem Gas, das sich bildete, maß er, wie nahrhaft die Pflanzen waren. Das Ergebnis: Besonders aus **SCHACHTELHALMEN** konnten Dinos deutlich mehr Energie ziehen als erwartet.

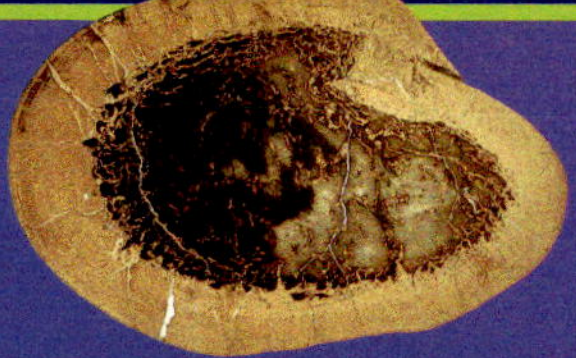

Die Knochen in Scheiben

Wer die Knochen durchschaut, enthüllt das **ALTER** der Dinos – und vor allem, wie schnell sie groß wurden. Dafür zersägte Martin Sander die versteinerten Knochen in Scheiben, sodass sie fast durchsichtig erschienen. Nun konnte er Altersringe erkennen. Ihre Ausmaße verraten, in welchen **ZEITRÄUMEN** das **WACHSTUM** der Dinos besonders schnell verlief – und dass sie vergleichsweise rasch groß wurden.

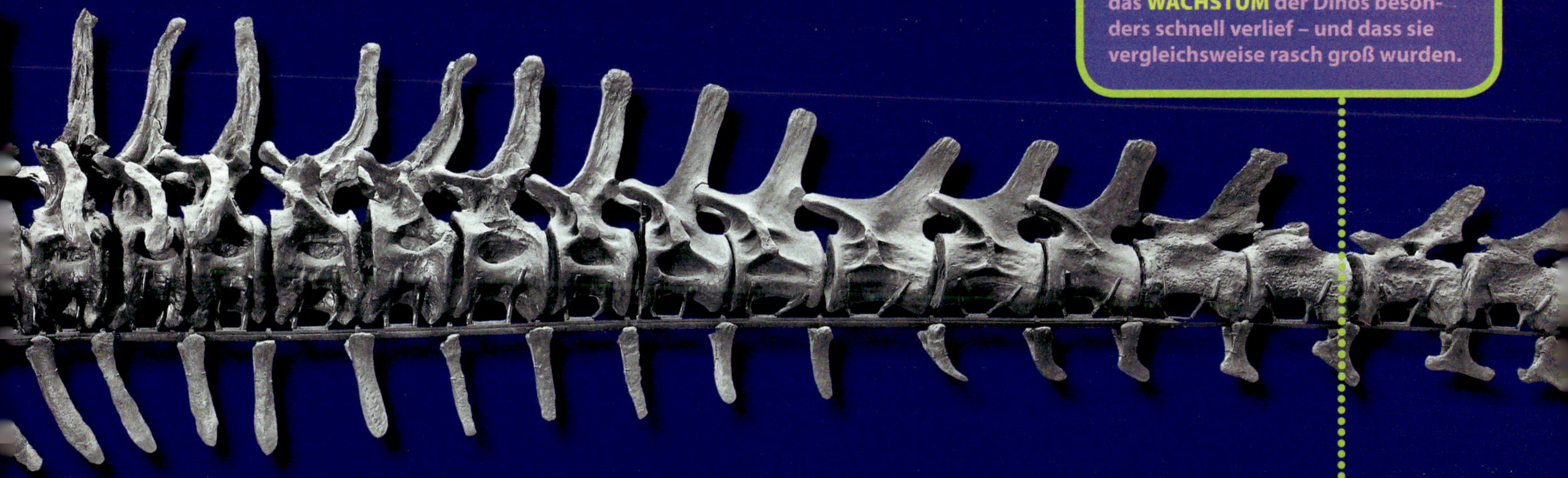

der Dino den Hals bewegt, wirken unterschiedliche Kräfte auf die Wirbel, denn Muskeln und Sehnen zerren daran", erklärt die 34-Jährige. „Diese Kräfte kann ein Computerprogramm berechnen. Dort, wo der Knochen stark auseinandergezogen wird, erscheint er knallrot auf dem Bildschirm, wo dagegen der Druck überwiegt, dunkelblau."

Das Ergebnis überraschte die Forscherin: Zwar erschien das Bild mehrfarbig, aber eher blass, pastellfarben. Die Kräfte wirken also ziemlich gleichmäßig und nur auf das Äußere des Knochens, während das Knocheninnere fast unbelastet bleibt. Schwarz-Wings' Erklärung: Das liegt an den dünnen Knochenstreben, die sich an den Seitenflächen jedes Wirbels kreuzen und die Belastung verteilen.

So konnten die Saurier sich einen innerlich stark ausgehöhlten Wirbelknochen leisten. Die Sauropoden waren dadurch leichter als gedacht! Schätzte man den Argentinosaurus vor ein paar Jahren noch auf bis zu 100 Tonnen, nimmt man nun an, dass er „nur" um die 70 Tonnen wog. 100-Tonner, so haben die Computermodelle gezeigt, wären an Land unter ihrem eigenen Gewicht zusammengebrochen. Saurierforscher früherer Zeiten glaubten daher, die Giganten hätten im Wasser gelebt, und der lange Hals hätte als Schnorchel gedient.

Doch auch wenn die Dinos nicht riesengroß und unerhört schwer, sondern riesengroß und dabei vergleichsweise leicht waren, so mussten sie ihren ausladenden Körper irgendwie mit ausreichend Energie versorgen. Lange war unbegreiflich, wie einfache Farne und Nadelgewächse die gigantischen Pflanzenfresser gesättigt haben könnten. Jürgen Hummel, Zoologe an der Universität Bonn, hat darauf zwei Antworten. Erstens: „Sauropoden waren so riesig, dass sie vermutlich auch einen sehr langen Darm besaßen. Wie heutige Kühe oder Pferde konnten sie mithilfe von dort lebenden Bakterien dem sonst nur schwer verdaulichen Grünzeug einen sehr großen Teil der Energie entziehen." Die zweite ▸

Der Durchmesser-Vergleich

Vom Körperbau der Dinos zeugen nur Knochen. Wie viel Fleisch und Muskeln sich um diese schmiegten, weiß niemand genau. Doch zum Glück leben bis heute Tiere, die den Sauriern in Teilen ihres Körperbaus ähneln, Krokodile zum Beispiel. Ein Querschnitt durch einen **KROKODILSCHWANZ** ① zeigt, dass die Muskeln einen erheblichen Anteil ausmachen. Legt man dieses Verhältnis von Knochen zu Muskeln zugrunde, ergibt sich für den **DINO-SCHWANZ** ② ein neues Bild: Lange Zeit gingen Forscher von einem Durchmesser aus, wie er in der Grafik durch den inneren Kreis (Strichellinie) angedeutet ist. Nach der Neubewertung ist er erheblich größer (siehe die Muskeln auf der linken Seite). Der Schwanz – etwa dieses Plateosaurus – ist also deutlich schwerer als gedacht.

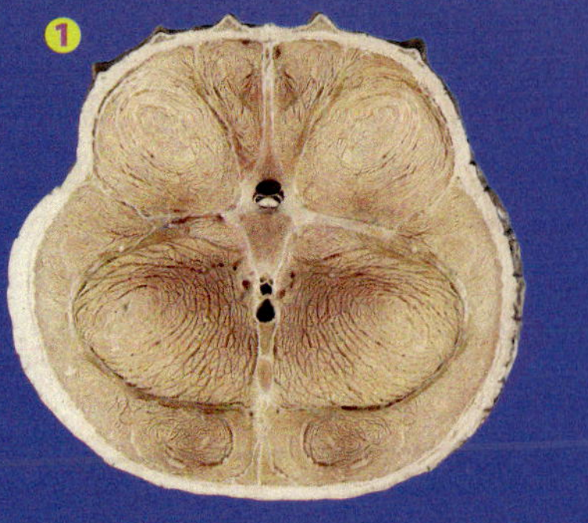

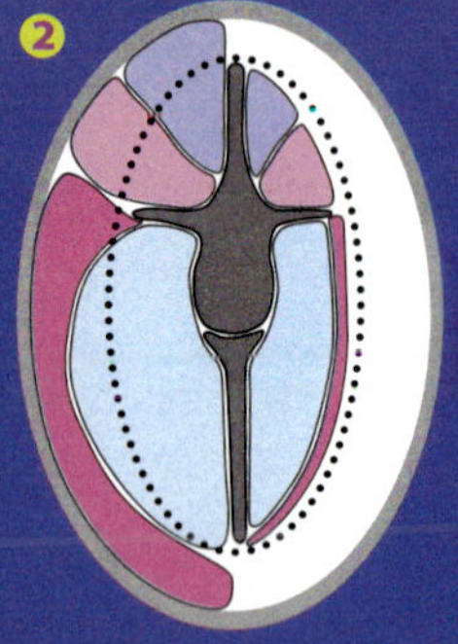

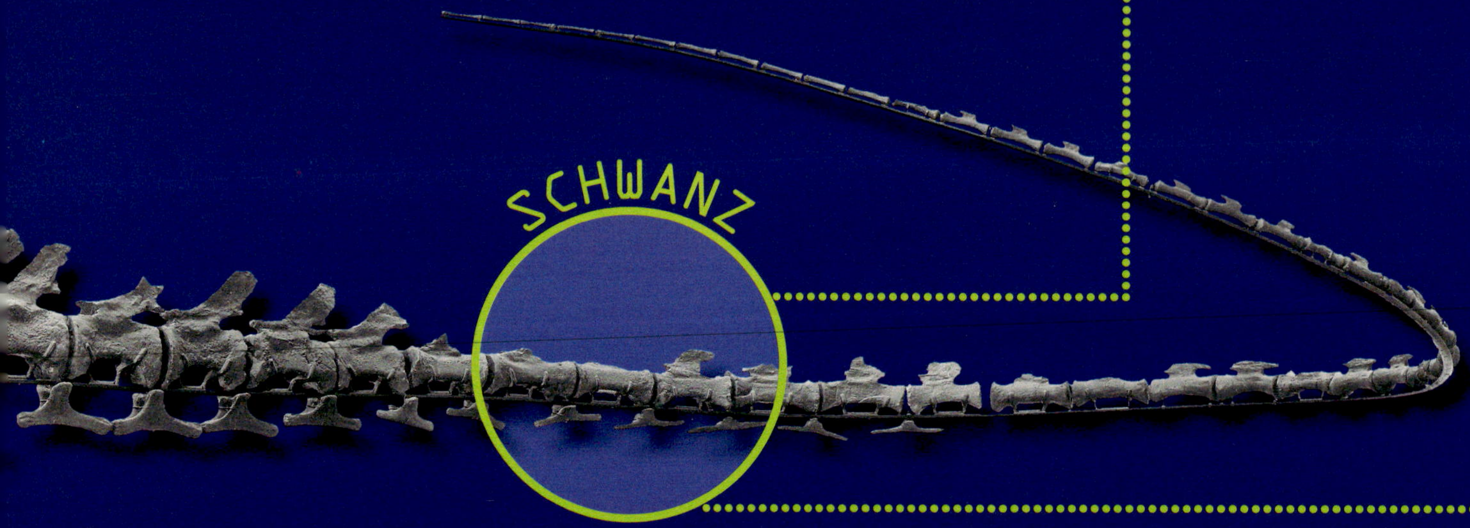

Antwort fand Hummel in dem Grünzeug selbst. „Wie nahrhaft Pflanzen sind, untersuchen wir mit dem ‚Hohenheimer Futterwerttest', der ist eigentlich für Milchkühe gedacht", erzählt Hummel. „In einem Brutschrank vermische ich dabei Pflanzen mit Bakterien, wie in einem Kuhmagen. Mit dem Test können wir messen, wie viel Energie für ein Tier im Futter enthalten ist." Hummel bestückte also den Brutschrank mit Schachtelhalmen, Zimmertannen und Farnen, die einen großen Teil des Speiseplans ausgemacht haben dürften. Und tatsächlich: Viele der Pflanzen waren besser verdaulich als erwartet.

Mit der Energie aus den Pflanzen gelang es den Sauropoden, badewannenweise Blut durch den langen Hals hoch in den Kopf zu pumpen, die massigen Beine, Rumpf und Schwanz von Ort zu Ort zu wuchten, sich zu paaren und Eier zu legen – doch die größte Herausforderung war, überhaupt erst einmal derart groß zu werden. „Um herauszufinden, wie schnell die Sauropoden wuchsen, habe ich die Beine der Tiere unter die Lupe genommen. Ich zersägte die Knochen in ganz feine Scheiben, sogenannte Dünnschliffe", berichtet Martin Sander. Jeder Knochen besteht nämlich hauptsächlich aus zwei Grundstoffen. Einmal dem biegsamen Kollagen, zum anderen aus kristallförmigem Apatit, der für die Festigkeit sorgt. „Je schneller ein Knochen wächst, desto ungeordneter sind diese Kristalle im Knochengewebe verteilt", sagt Sander. Und diese Struktur erkennt man selbst in versteinertem Zustand.

Die Dünnschliffe haben gezeigt: Die Dinosaurier brauchten vergleichsweise nicht sehr lange, um so riesig zu werden. Vertreter der Art Janenschia etwa benötigten nur 27 Jahre, um aus einem vielleicht fußballgroßen Ei zu schlüpfen und zu einem rund 24 Meter langen Giganten zu werden. Geschlechtsreif waren die Tiere schon vorher, ab dem Alter von etwa 13 Jahren. „So konnten sie früh beginnen, Nachkommen zu produzieren. Das war wichtig, denn die Pflanzenfresser, besonders die

Der Körper-Schwerpunkt

In Filmen wie „Jurassic Park“ sieht man, wie sich Sauropoden auf die Hinterbeine stellen, um in noch luftigerer Höhe Laub aus den Baumkronen zu pflücken. Ist das realistisch? Das hängt vom Körperschwerpunkt des Tiere ab, und der wiederum wird vom **GEWICHT** des Schwanzes beeinflusst. Der Brachiosaurus etwa besaß einen verhältnismäßig leichten Schwanz. Daher liegt sein Körperschwerpunkt im Vergleich zu anderen Dinos recht weit vorn (in den **ABBILDUNGEN** als schwarze Punkte) – berechnete Heinrich Mallison vom Berliner Naturkundemuseum. Dass sich ein Brachiosaurus aufrichtete, schätzt Mallison deshalb als ziemlich unwahrscheinlich ein. Nur mit leicht versetzten Hinterbeinen wäre der Riese nicht gleich umgekippt. Anders der Diplodocus: Er konnte durchaus aufrecht stehen. Das lag an seinem längeren und schwereren Schwanz. Der sorgte dafür, dass sich der Körperschwerpunkt weiter hinten befand als beim Brachiosaurus. Der Diplodocus konnte sich sogar leichter aufrichten als ein Elefant.

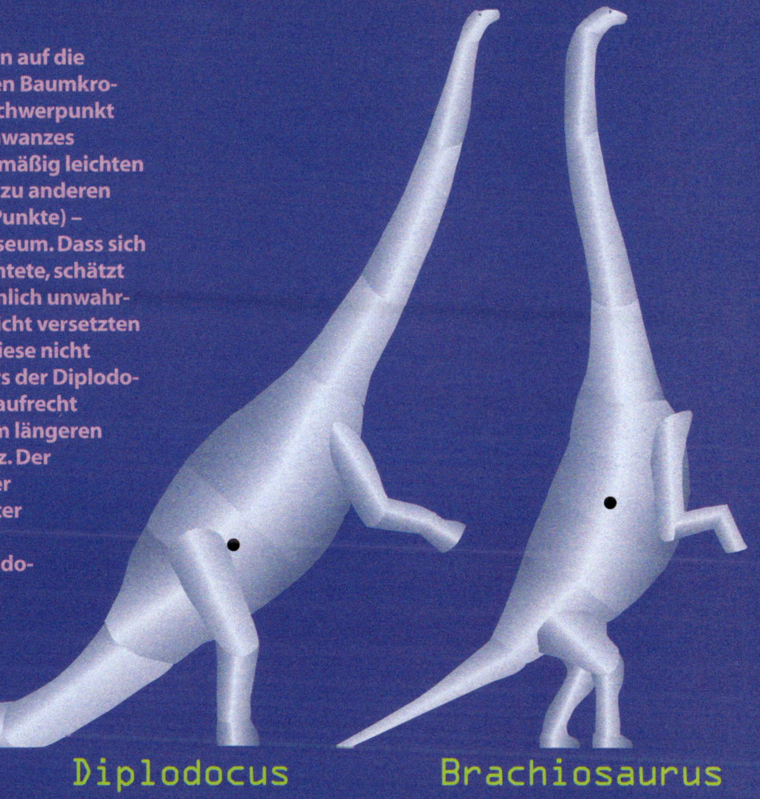

Jungtiere, wurden schnell zur Beute für Raubsaurier wie den Tyrannosaurus oder den Giganotosaurus“, sagt Sander. „Nur wenn genug Junge da waren, blieb nach solchen Attacken ausreichend Nachwuchs übrig, um die Art zu erhalten.“

100 Millionen Jahre lang hatte dieses „Prinzip Riese“ Erfolg. Die Sauropoden wurden nicht von anderen Arten verdrängt oder ausgerottet, sie fielen derselben Katastrophe zum Opfer, die vor 65,5 Millionen Jahren die Hälfte allen Lebens auf der Erde und sämtliche Dinosaurier hinwegfegte: einem gigantischen Meteoriteneinschlag (siehe Seite 90). „Es gibt keinen Hinweis, dass sie auch unter anderen Umständen ausgestorben wären“, sagt Sander.

Und wo das Rätsel der Sauropoden weitgehend gelöst ist, wendet sich seine Forschungsgruppe neuen Fragen zu: „Als Nächstes wollen wir herausfinden, bei welchen Ausmaßen Meerestiere an ihre Grenzen stoßen – und wie muskelbepackte Raubsaurier wie der *Tyrannosaurus rex* derart riesig werden konnten.“

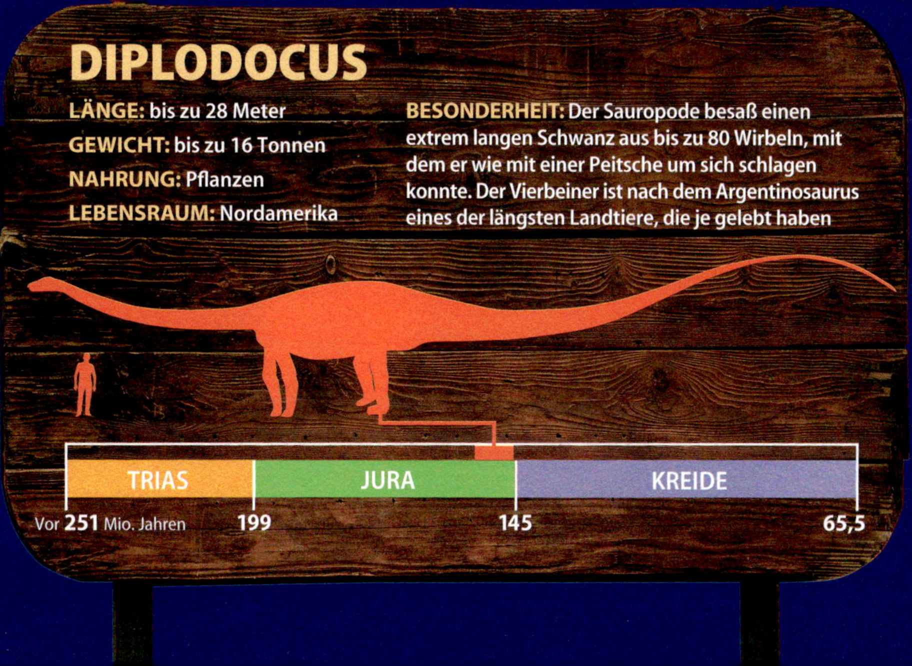

DIE GRÖSSTEN FILMSTARS ALLER ZEITEN

Massenweise strömen MENSCHEN INS KINO, nur um sie zu sehen: Dinosaurier, die jagen, kämpfen, sprechen und sogar singen. Über 100 Filme wurden in den vergangenen Jahrzehnten gedreht. GEOlino extra hat die Hauptdarsteller zu ihren Rollen befragt …

GERTIE, DER DINOSAURIER

Jahr: 1914

»ICH MUSSTE SACHEN MACHEN, DIE EIN ECHTER SAUROPODE NIEMALS GETAN HÄTTE«

Die Dinosaurierdame Gertie spielt die Hauptrolle in dem Kurzfilm „Gertie, der Dinosaurier".

GEOlino extra: Gehörst du zu den Guten oder zu den Bösen?

Gertie: Guck mich an: Ich bin die Freundlichkeit in Person, fresse ausschließlich Pflanzen und befolge sogar Anweisungen.

Bist du ein richtiger Star?

Das kann man wohl sagen! Immerhin habe ich im Gegensatz zu den meisten anderen Film-Dinos sogar einen Namen.

Was passiert in dem Film?

Es handelt sich um einen Trickfilm. Ich stehe vor den Leuten und mache ein paar Kunststücke, das ist alles. Der Film dauert aber auch nur wenige Minuten.

Welchen Dino stellst du dar?

Einen Brachiosaurus, also einen typischen Langhals aus der Gruppe der Sauropoden.

Was musst du machen?

Ich muss in die Kamera gucken und den Anweisungen eines Dompteurs gehorchen, mal das eine Bein heben, mal das andere. Etwas albern, als ob ich als Dino solche Ansagen im wirklichen Leben befolgen würde.

Wie zufrieden bist du mit dem Drehbuch?

Geht so. Ich komme zwar nett rüber, aber ich muss Sachen machen, die ein echter Sauropode niemals getan hätte. Zum Beispiel ausgiebig kauen, einen Baumstamm fressen und sogar einen Felsbrocken! Steine fressen wir Dinos höchstens aus Versehen. Dass wir die ständig im Magen tragen, ist ein inzwischen widerlegtes Gerücht. Außerdem sollte ich den Schwanz auf dem Boden ablegen, total unbequem. Eigentlich benutze ich den, um mein Gleichgewicht zu halten. Und mal ganz ehrlich: Mammuts haben zu meiner Zeit nun wirklich noch nicht gelebt – von Menschen ganz zu schweigen! Beide treten aber auf.

Bereust du, dass du die Rolle angenommen hast?

Keinesfalls! Im Jahr 1914 waren Zeichentrickfilme noch eine echte Ausnahme und Dinosaurier kaum bekannt. Zu einem späteren Zeitpunkt wäre ich nie mehr so berühmt geworden.

VERGESSENE WELT ★★★
Jahr: 1925

»ICH HABE IMMER NOCH NACKENSCHMERZEN«

Auch in dem Stummfilm „Vergessene Welt" gehört die wichtigste Figur zur Gruppe der Sauropoden, der Langhals-Saurier.

GEOlino extra: Gehörst du zu den Guten oder zu den Bösen?

Langhals-Saurier: Na ja, als Pflanzenfresser bin ich ja eher ein friedlicher Charakter. In diesem Film musste ich aber andere Dinos und sogar Menschen angreifen.

Bist du ein richtiger Star?

Na sicher, ich bin der einzige Dino, der in dem Film bis zum Ende mitspielt – und natürlich der größte.

Was passiert in dem Film?

Ein paar Abenteurer entdecken in Südamerika eine Hochebene, auf der verschiedene Dinosaurier überlebt haben. Obwohl ich und die anderen Dinos Jagd auf die Menschen machen, gelingt es ihnen, mich gefangen zu nehmen. Sie verschleppen mich nach London. Ich aber reiße aus, bringe die berühmte Tower Bridge zum Einsturz und schwimme dann durch die Themse davon.

Welchen Dino stellst du dar?

Ihr werdet staunen: einen Brontosaurus. Daran merkt man, wie alt der Film ist. Solche wie mich nennt man nämlich längst nicht mehr Brontosaurier, sondern Apatosaurier.

Was musst du machen?

Wie gesagt, ich bin echt angsteinflößend. Ich kämpfe gegen einen Raubsaurier und beiße ihn in den Hals. Ganz ehrlich, einen Killer wie T. rex könnte ich in Wirklichkeit niemals beißen, selbst wenn ich wollte. Und später in den Szenen, die in London spielen, jage ich eine Menschenmenge durch die Straßen und trample dann auf dieser Brücke rum, bis es kracht.

Wie zufrieden bist du mit dem Drehbuch?

Sie haben mir Krallen angeklebt. So ein Schwachsinn! Und ich habe immer noch Nackenschmerzen, weil ich meinen Hals völlig unnatürlich verbiegen musste. Außerdem: Dieses Brüllen, Jagen und Zubeißen liegt mir gar nicht!

Bereust du, dass du die Rolle angenommen hast?

Heute denke ich, hättest du mal lieber woanders mitgespielt, vielleicht in „Jurassic Park". Da hätte ich einfach mich selbst spielen können. Das wäre nicht so anstrengend gewesen.

GWANGIS RACHE

Jahr: 1968

»ICH SCHIMMERE LILAFARBEN. PEINLICH!«

In dem Film „Gwangis Rache" dreht sich alles um einen Raubsaurier namens – genau: Gwangi.

GEOlino extra: Gehörst du zu den Guten oder zu den Bösen?

Gwangi: Ich bin absolut schrecklich!

Bist du ein richtiger Star?

Blöde Frage. Wäre der Film sonst nach mir benannt worden?

Was passiert in dem Film?

Ein Wissenschaftler und ein paar Zirkusleute sind auf der Suche nach dem Urpferdchen, von dem alle Pferde abstammen sollen, und dringen in mein Tal ein. Dort habe ich bis heute überlebt. Die Leute fangen mich, um mich im Zirkus zu zeigen. Ich breche aus, werde dann aber in eine Kirche gesperrt und verbrenne.

Welchen Dino stellst du dar?

Einen *Tyrannosaurus rex* oder einen Allosaurus; die Filmemacher konnten sich wohl nicht so recht entscheiden.

Was musst du machen?

Ganz viel brüllen, Menschen jagen und auch fressen. Mit anderen Sauriern kämpfen – und am Ende verbrennen. Aber das war natürlich nur ein Trick …

Wie zufrieden bist du mit dem Drehbuch?

Also, eine Sache finde ich total peinlich: Ich schimmere lilafarben! Die anderen Dinos übrigens auch. Tja, und weil die Tricktechnik damals noch in den Anfängen steckte, darf ich in keiner Szene schnell laufen. Ich stakse nur so durch die Gegend. Aber das geht meinen Kollegen natürlich ebenso. Und die mussten sich zum Teil ganz schön verbiegen. Ein Triceratops, ein Pflanzenfresser, brüllt zum Beispiel Menschen an und verfolgt sie. Etwas unglaubwürdig.

Bereust du, dass du die Rolle angenommen hast?

Nein, das nicht. Denn auch wenn die Tricktechnik noch etwas holperte, so war sie für die damalige Zeit doch revolutionär. Und ich war mit dabei!

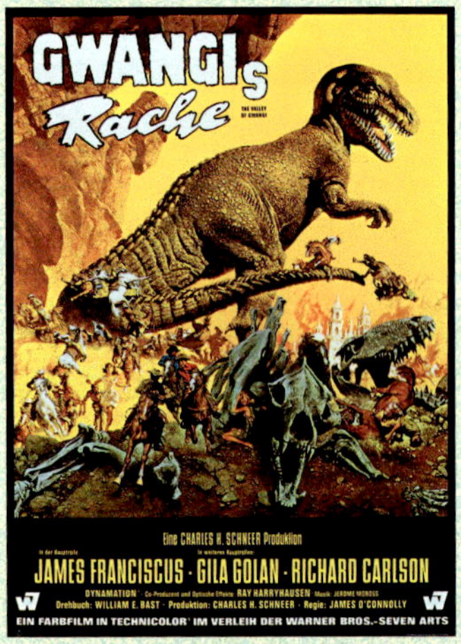

IN EINEM LAND VOR UNSERER ZEIT, TEIL 3

Jahr: 1995

»ICH SPRECHE UND SINGE SOGAR!«

Littlefoot, zu Deutsch: Kleinfuß, ist ein junger Sauropode und spielt die Hauptrolle.

GEOlino extra: Gehörst du zu den Guten oder zu den Bösen?

Littlefoot: Ich bin vor allem niedlich, habe ein reines Herz und einen bezaubernden Augenaufschlag.

Bist du ein richtiger Star?

Ich sag nur: Es gibt 13 Folgen von „In einem Land in unserer Zeit", und immer dreht sich alles um mich!

Was passiert in dem Film?

In Teil drei zum Beispiel – „Die Zeit der großen Gabe" – blockieren Felsen einen Fluss. Unser Tal trocknet aus. Meine Freunde und ich finden den Staudamm und sorgen dafür, dass es wieder Wasser gibt. Zuerst ärgern uns jedoch ein paar andere Dinos im Teenager-Alter. Aber auch diese sehen am Schluss ein, dass es sich auszahlt, nett zu sein. Da kann man schon ein paar Tränchen verdrücken.

Welchen Dino stellst du dar?

Alle sagen „Langhals" zu mir, und ich bin eindeutig ein Sauropode. Welcher genau, weiß man nicht.

Was musst du machen?

Ich spreche und singe sogar! Genau wie meine Freunde. Wir sind so eine Art Clique.

Wie zufrieden bist du mit dem Drehbuch?

Es ist hübsch, aber das Familienleben ist wirklich unrealistisch: Erstens müsste ich massenhaft Geschwister haben, denn Dinos legen in ihrem Leben Hunderte Eier. Und zweitens hatten echte Dino-Eltern absolut keinen Nerv dafür, ihren Nachwuchs zu erziehen. Der wurde meist von allein groß. Höchstens die Brüder und Schwestern kümmerten sich vielleicht ein wenig umeinander. Um mich sorgen sich im Film ja sogar meine Großeltern!

Bereust du, dass du die Rolle angenommen hast?

Ach nö! Ich finde nämlich, es sollte mehr Filme geben, in denen Dinos so lieb dargestellt werden. Die muss aber ja nicht immer ich spielen …

JURASSIC PARK, TEIL 1 BIS 3

Jahr: 1993–2001

»MEIN URIN WIRD IN DIE KAMERA GEHALTEN. ECHT UNANGENEHM!«

Ein *Tyrannosaurus rex* spielt in allen drei Folgen von „Jurassic Park" eine tragende Rolle.

GEOlino extra: Gehörst du zu den Guten oder zu den Bösen?

T. rex: Um es mal so zu sagen: Ich darf in den Filmen Menschenfleisch kosten.

Bist du ein richtiger Star?

Bei aller Bescheidenheit: Viele Leute haben sich die Filme vor allem meinetwegen angesehen.

Was passiert in den Filmen?

Im ersten Teil werden wir von einem Verrückten für einen Insel-Dinopark gezüchtet und brechen aus. In den anderen beiden Folgen haben wir auf jeweils einer Nachbarinsel überlebt und treiben dort unser Unwesen.

Welchen Dino stellst du dar?

Den Raubsaurier *Tyrannosaurus rex* oder kurz: T. rex.

Was musst du machen?

Meistens bedrohe ich Menschen, fresse manche auch. Aber ich greife auch andere, kleinere Dinos an.

Wie zufrieden bist du mit dem Drehbuch?

Mir stinkt, dass im dritten Teil so ein Spinosaurus auftaucht. Der darf die Menschen die ganze Zeit jagen. Und auch sonst trägt der Film zu dick auf. Da unterhalten sich Velociraptoren miteinander. Und nicht nur das: Selbst der Professor, die menschliche Hauptrolle, kann sich mit ihnen verständigen. Lächerlich!

Bereust du, dass du die Rolle angenommen hast?

Der erste Streifen war toll. Da hätte ich aufhören sollen, denn danach ging es bergab. Im dritten Teil bin ich ja kaum noch zu sehen, da reichte den Filmleuten schon mein Urin als Abschreckung. Der wird in die Kamera gehalten. Das ist mir echt unangenehm.

Urtypisch!

So werden Spielzeugsaurier hergestellt

Der STEGOSAURUS lebte vor rund 150 Millionen Jahren. Wir aber haben ihn wiederentdeckt – in Süddeutschland! Dort züchtet die Firma Bullyland Echsen aus der Urzeit. Glaubt ihr nicht? Dann lest doch selbst …

TEXT: BARBARA LICH
FOTOS: BERTHOLD STEINHILBER

Kleine Giganten: Der Stegosaurus ist eine von mittlerweile 13 verschiedenen **SAURIERFIGUREN** im Sortiment. Diese Exemplare warten noch auf den richtigen Anstrich

Es ist so friedlich hier. Butterblumen wiegen sich im lauen Sommerwind, auch Klee und Gräser biegen ihre Halme. Eine dicke Hummel jagt über die Wiese. Ansonsten aber passiert – nichts. Gar nichts. Überhaupt gar nichts. Wenigstens scheint es so.

Doch dieses Örtchen, Ronsberg im Allgäu, ganz im Süden Deutschlands ist eine Brutstätte für Dinosaurier! Tyrannosaurus, Brachiosaurus, Velociraptor, Triceratops: Sie alle schlüpfen genau hier – in einer Fabrikhalle inmitten der Bergwiesen. Ganze Saurier-Armeen werden in dem Flachbau geboren!

„Vor allem, wenn Dino-Filme wie ‚Jurassic Park' ins Kino kommen, geht es bei uns rund", sagt „Geburtshelfer" Hans Fischer und steuert auf eine Maschine im hinteren Teil der Halle zu. Hunderte Stegosaurier erblicken dort gerade das Licht der Welt, in diesem Fall: das Neonlicht der Produktionshalle. Das Geburtsgewicht der Urzeit-Tiere: 182 Gramm; von der Schwanzspitze bis zur noch ziemlich blassen Schnauze messen sie 25 Zentimeter. Größer werden die kleinen Giganten zum Glück nicht mehr. Schließlich züchtet die Firma Bullyland keine echten Stegosaurier von bis zu neun Meter Länge, sondern Spielzeugfiguren aus Kunststoff – per Sturzgeburt.

Kopfüber, immer paarweise, schleudern die metallenen Werkzeuge die Urzeit-Wesen aus ihrem Bauch. Das Dröhnen und Stöhnen, Ächzen und Schnaufen der Spritzguss-Maschine dringt bis in den letzten Winkel der Halle. Aus Kunststoffkügelchen, die wie Hirsekörner aussehen, formt die Maschine den wuchtigen Körper der Stegosaurier: den kleinen Kopf, die kurzen Vorder- und kräftigen Hinterbeine, den buckligen Rücken mit seinem eindrucksvollen Doppelkamm aus spitzen Knochenplatten und den mit Stacheln besetzten Schwanz, den der Saurier stets in die Luft hält. „Der Kunststoff wird dafür auf 180 ▸

Grad Celsius erhitzt", sagt Hans Fischer, Vertriebsleiter bei Bullyland, „er schmilzt und ist dann flüssig wie Brei." So spritzt ihn die Maschine in die Gussformen. Das dauert kaum länger als 30 Sekunden, dann werden die hitzig-schwitzigen Dinos erst einmal abgekühlt: Zehn Minuten lang baden sie in einer grünen Plastikwanne.

Ob die echten Stegosaurier auch gern im kalten Wasser planschten? Das weiß heute niemand so genau. Schließlich lebten die „Dachechsen", wie Stegosaurier übersetzt heißen, vor rund 150 Millionen Jahren. Ende des 19. Jahrhunderts entdeckte man erstmals Überreste der massigen Wesen; nach und nach entwickelten Forscher dann eine Vorstellung und ein Bild der Tiere. Zum Glück für Bullyland! Denn nur so können die Mitarbeiter naturgetreue Spielzeug-Dinos entwerfen.

Dabei helfen ihnen die Wissenschaftler des Museums für Naturkunde in Stuttgart. „Bevor ich mit einer Figur anfange, berät mich der Reptilien-Spezialist des Museums", erzählt Modelleur Peter Kiesinger, der sämtliche Saurier der Firma auferstehen lässt (siehe Interview Seite 63). Er entwickelt sozusagen den Urtypen der Urtypen. Diesen wiederum kontrollieren die Wissenschaftler des Museums: Stimmen Größenverhältnisse, Körperhaltung, Farben? Erst wenn alles passt, erstellen Werkzeugmacher mithilfe von Kiesingers Vorlage Harz- und Gipsmodelle und schließlich die metallenen Formen für die Spritzguss-Maschine. Dann gehen die Saurier in Serie.

Eine Stunde lang trocknen die gebadeten Kunststoff-Echsen nun schon in der warmen Luft der Fabrikhalle in Ronsberg. Aufgestellt in Reih und Glied, warten sie auf ihren Transport nach Spraitbach auf der Schwäbischen Alb, rund zwei Autostunden entfernt. Denn dort kommt Farbe ins Spiel, also auf die faltige Kunststoffhaut der Stegosaurier. Die sehen bislang noch aus, als hätten sie Gelbsucht – nackedei, streifenfrei. ▸

1

Am Anfang einer jeden Produktion steht – das Modell. Auch für den Stegosaurus wurde zunächst ein Urtyp entworfen. Von diesem nehmen die Werkzeugmacher Abdrücke in MODELLIERKNETE …

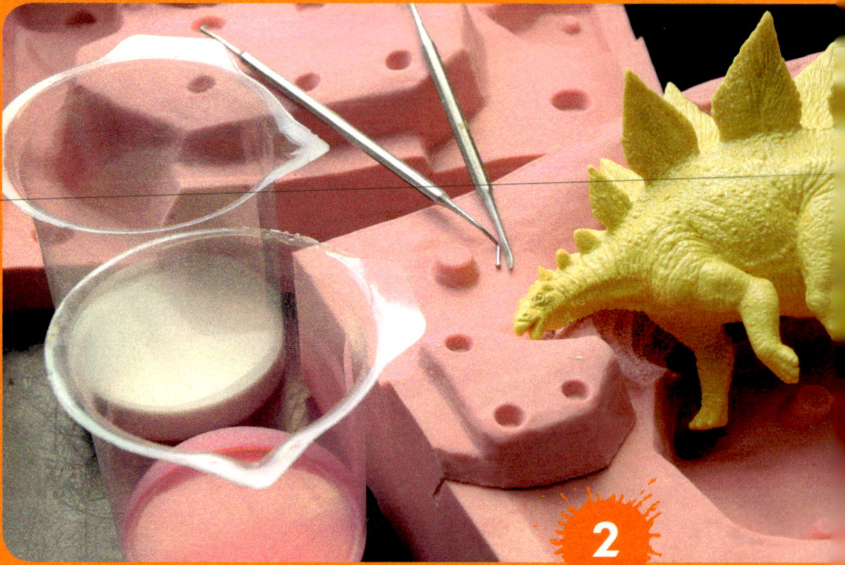

2

… und fertigen in mehreren Schritten Formen aus SILIKON (oben), die in einem VAKUUMGERÄT mit Harz ausgegossen werden (unten links). Anschließend verfeinern sie diese Modelle. Und erstellen Gipskörper …

3

4

… die sie wiederum brauchen, um die metallenen FORMEN zu gießen. Diese bestehen aus zwei Hälften, die später zusammengefügt werden. Bei Bullyland lagern rund 5000 unterschiedliche Exemplare (oben rechts)

Getreidekörner? Waschpulver? Nichts dergleichen. Aus diesem **KUNSTSTOFF** in Kugelform entstehen die Spielzeugsaurier

Das Granulat wird durch einen Trichter in die **SPRITZGUSS-MASCHINE** gefüllt und darin auf 180 Grad Celsius erhitzt. Die Kügelchen verschmelzen zu einem Brei. Diesen spritzt die Maschine dann in die Formen für die Figuren

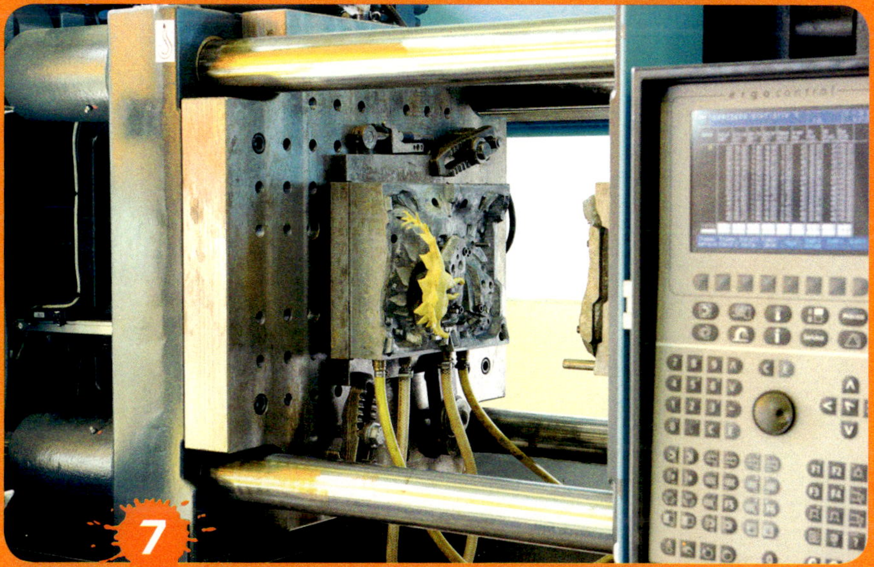

Starkes Stück: Die Maschine presst die beiden Formenhälften mit einer **KRAFT** von 200 Tonnen zusammen! So rinnt beim Einspritzen kein flüssiger Kunststoff heraus

Alle aus einem Guss: Nach ihrer »Geburt« nehmen die blassen Biester ihr erstes Bad; in der **PLASTIKWANNE** kühlen sie ab. Luftgetrocknet werden sie verpackt und zur Bemalung verschickt

Der Modell-Macher

Peter Kiesinger, 62, entwirft die Dinosauriermodelle. Im Interview erzählt er, wie er die Echsen auferstehen lässt

GEOlino extra: Wie modelliert man einen Dinosaurier?

Peter Kiesinger: Natürlich schaue ich mir Abbildungen in Zeitschriften, Büchern und im Internet an. Am wichtigsten aber ist das Gespräch mit den Wissenschaftlern vom Museum für Naturkunde in Stuttgart. Die sind immer auf dem neuesten Stand der Forschung.

Und dann legen Sie los!

Genau, mit Modelliermasse aus dem Bastelladen. Schicht für Schicht baue ich zunächst eine grobe Form auf, ein Grundgerüst für die Körperhaltung. Dann modelliere ich die Muskeln. Zum Schluss trage ich eine sehr feine Schicht von nur anderthalb Millimetern auf – für Haut und Schuppen.

Machen Sie das alles mit den Händen?

Ich benutze Werkzeuge, die denen eines Zahnarztes oder Goldschmiedes ähneln: Schleif- und Fräsköpfe, Feilen, Spachtel.

Wie lange brauchen Sie für ein Modell?

Die Arbeit erfordert eine Menge Geduld: Drei, vier Wochen benötige ich bestimmt.

Schminke
für den Stegosaurus

Grün, grün, grün sind alle meine FARBEN? Nein! Ein fertiger Stegosaurus trägt zwölf Farbtöne auf der Haut

9

Spritzig! Mit einer AIRBRUSH-PISTOLE werden die Farben aufgesprüht, hier Orange für den Kamm. Übrigens: Diesen nutzten die Stegosaurier vermutlich zur Abschreckung von Feinden und um ihre Körpertemperatur zu regulieren

10

»Man braucht Ruhe und Geduld«, sagt Barbara Zieba über ihre Arbeit in der FARBSPRITZEREI. Vor allem das Auftragen der schwarzen Streifen ist nur was für Könner! Den feinen Farbstrahl aus der Düse sieht man beim Sprühen nämlich kaum

11

Leuchtende Augen bekommen die Stegosaurier in der MALSTUBE: Mit einem Pinsel tupfen ihnen die Malerinnen gelbe Farbe und glänzend schwarze Pupillen-Punkte ins Gesicht. Auch die Zungen der Echsen werden hier gerötet

Darum greift Barbara Zieba in der Farbspritzerei zur Pistole. Mit einem Zischen schießt, kaum sichtbar, ein Strahl feinster Farbtröpfchen aus der Düse des Luftpinsels und begrünt die Haut der Dino-Figur in ihrer Hand. Zwölf verschiedene Farbtöne zieren den Stegosaurus. Wo welcher wie aufgesprüht oder zuvor gemischt werden muss, legt eine exakte „Malbeschreibung“ fest. „Am schwierigsten sind die Streifen“, sagt Barbara Zieba und rückt ihren Stuhl über den grauen Steinboden, den bunte Kleckse sprenkeln. „Da brauche ich immer ein fertiges Modell vor Augen.“ Denn wie alle Spielzeugfiguren, die bei Bullyland hergestellt werden, gilt auch für die Stegosaurier: Sie müssen einander gleichen wie ein Ei dem anderen. Deshalb besprüht Barbara Zieba eine ganze Reihe Muster-Dinos. Diese Vorlagen liefert die Firma an Malwerkstätten, in denen Stegosaurier und Co. im Akkord angepinselt werden. Zur Qualitätskontrolle landen sie anschließend wieder in Spraitbach, bevor sie dann in alle Welt verschickt werden.

Dabei könnten die Stegosaurier auch hier auf der Schwäbischen Alb heimisch werden: Die behäbigen Echsen hielten ihren Kopf einst nicht umsonst so dicht über dem Boden. Auf diese Weise grasten die Vegetarier mit ihrem Hornschnabel vor allem niedrig wachsende Pflanzen ab. Davon gibt es genug auf den grünen Hügeln um Spraitbach – und in die Quere kommen könnten den Sauriern höchstens ein paar Schafe.

Hier werden alle über einen Kamm geschoren! Schließlich müssen sämtliche Saurier der **VORLAGE** gleichen (links im Bild). Bei der »Musterung« überprüft eine Qualitätskontrolleurin die Bemalung der Figuren

Sauriersammelsurium: Im **LAGER** warten diese Echsen auf ihren Transport in die Spielzeugläden der Welt. Außer den Dinosauriern stellt die Firma auch allerlei Tiere und Comic-Figuren her

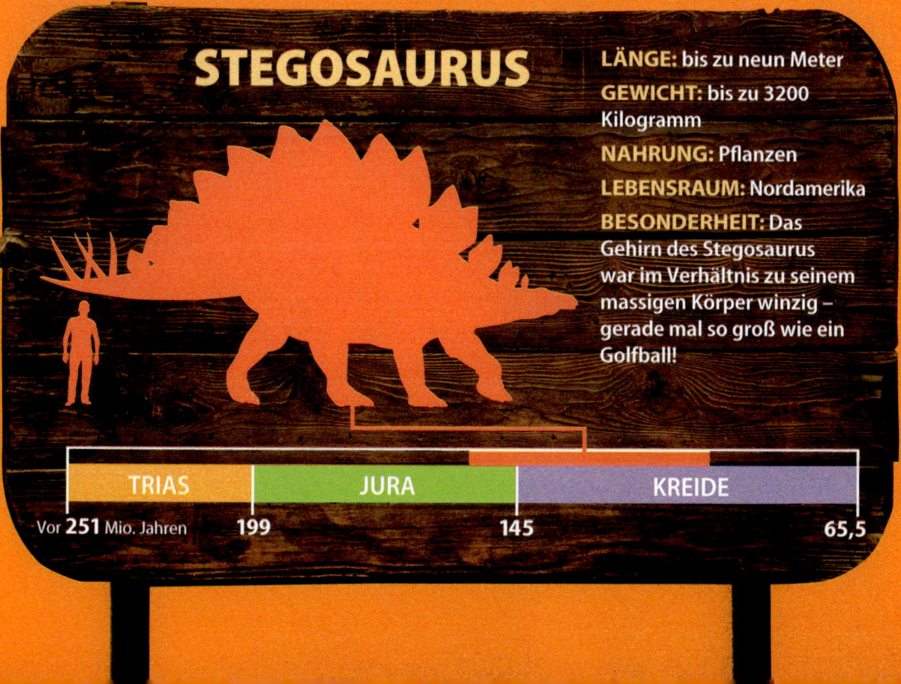

Angst? Hatten weder die **REPORTER** vor den Sauriern – noch die Saurier vor den Reportern. Dabei gehören Berthold Steinhilber und Barbara Lich zu den Fleischfressern …

BASTELBOGEN

Achtung, wir lassen die Saurier raus!

Für Paläontologen ist es das eine, auf die **Jagd** nach versteinerten Zeugnissen der Urzeit zu gehen. Die wirkliche Arbeit beginnt danach. Dann gilt es, aus vielen kleinen Fundstücken ein großes Ganzes zusammenzusetzen. Eine Herausforderung – und ein tolles **Erlebnis**, wenn man der Welt am Ende das Skelett einer Riesenechse präsentieren kann. So etwas dauert jedoch 1. mehrere Jahre und gelingt 2. nur den wenigsten. Schneller und erfolgversprechender ist es, einfach unsere Saurier-Modelle zu basteln. **Schlagzeilen** dürft ihr zwar nicht erwarten. Aber ein tolles Ergebnis bekommt ihr auch!

Lebensgefahr! Hier nicht baden

Im Vergleich zu ihnen sähe selbst ein Weißer Hai blass aus. Fast viermal so lang wie der größte lebende Raubfisch wurden manche MEERESREPTILIEN aus der Dino-Zeit. Wen stört es da, dass die Wasserechsen nicht wirklich zu den Dinosauriern gehörten?

Mosasaurier

Nimmersatt mit Schlangenmaul

Ob Fische, Wasservögel, Schildkröten oder wie auf diesem Bild Kopffüßer – ein Tylosaurus machte auf alles Jagd, was ihm vor das Maul schwamm. Die Beute durfte nur nicht zu groß sein, denn das Tier aus der Gruppe der Mosasaurier musste sie wie eine **SCHLANGE** als Ganzes schlucken. In Stücke reißen oder kauen? Kaum möglich! Den meisten Mosasauriern fehlten Reiß- und **SCHNEIDEZÄHNE**. Trotzdem gehörten sie zu den erfolgreichsten Meeresräubern der späten Kreidezeit. Die bis zu 17 Meter langen Tiere lebten in allen Ozeanen, waren ausgezeichnete Schwimmer und drangen kurz vor dem Ende der Dinosaurierzeit sogar in die Flussreviere der Urzeit-Krokodile vor. Denen dürfte der Badespaß dann gründlich vergangen sein

Plesiosaurier

Der Langhals-Jumbo aus der Tiefe

Es ist bis heute ein Geheimnis, warum die Natur Plesiosaurier wie den Thalassomedon mit einem rund sechs Meter langen **HALS** ausgestattet hat. Manche Forscher glauben, er habe dem Tier das Fischen erleichtert: Das Meeresreptil schwamm unbemerkt unter einen Fischschwarm und schnappte dann aus der Tiefe nach der Beute. Einer anderen Theorie zufolge half der Hals bei der Futtersuche am Meeresboden. Fest steht: Angetrieben von ihren vier **RUDERFLOSSEN**, flogen die bis zu 15 Meter langen Plesiosaurier geradezu durch das Wasser. Die Langhälse starben mit den Dinosauriern aus – auch wenn sich anderslautende Gerüchte hartnäckig halten (siehe Seite 72)

Ichthyosaurier

Echsen im Fischkostüm

Hingeschaut! Hier kommen drei der größten Meeresbewohner aller Zeiten. Ichthyosaurier wurden bis zu 21 Meter lang! Eine Größe, die heute nur noch der Blauwal übertrifft. Die Räuber in FISCHFORM eroberten vor etwa 245 Millionen Jahren das Urmeer und verschwanden erst wieder 155 Millionen Jahre später. Was machte sie so erfolgreich? Ihr SCHWIMMSTIL und die Stromlinienform ihres Körpers: Zwei, drei kräftige Schwanzschläge genügten, dass die Meeresechsen wie Torpedos durch das Wasser schossen. Einmalig waren auch ihre Augen! Groß und rund wie Bowlingkugeln ermöglichten sie den Ichthyosauriern, Beute selbst in mehr als 500 Meter Tiefe aufzustöbern

Pliosaurier

Gefährliche Verwandtschaft

Vor diesem **MONSTER** mussten sich selbst die langhalsigen Plesiosaurier fürchten. Ihre engen Verwandten, die Pliosaurier, wuchsen nämlich zu solchen Giganten heran, dass sie einen erwachsenen Menschen problemlos mit einem Happs hätten verschlingen können! Ein versteinerter **KIEFERKNOCHEN**, den Forscher in Großbritannien gefunden haben, misst drei Meter. Das dazugehörige Tier, so schätzen die Experten, dürfte etwa 18 Meter lang und 30 Tonnen schwer gewesen sein. Dank ihrer kräftigen Flossen schnellten die Riesen vermutlich wie Pinguine durch das Wasser. Warum sie allerdings schon vor 90 Millionen Jahren zeitgleich mit den Ichthyosauriern ausstarben, ist ungewiss

Eine unendliche Geschichte

Warum das Ungeheuer von Loch Ness kein Saurier sein kann

Um es vorwegzunehmen: Das große Foto auf dieser Seite ist eine Fälschung. Leider! Wäre es echt, hätten wir es für viele Millionen Euro an alle Zeitungen dieser Welt verkauft und könnten nun bis an das Ende unser Tage Urlaub machen. Es würde nämlich beweisen, dass eine der bekanntesten Legenden unserer Zeit keine Lügengeschichte ist.

Diese Legende geht in etwa so. Im Loch Ness, einem See im Norden Schottlands, lebt angeblich ein gigantisches Ungeheuer namens „Nessie“. Es besitzt einen langen Hals und einen plumpen Körper. Manchmal schaut es neugierig aus dem Wasser – am liebsten in der Morgen- oder Abenddämmerung. Doch nur wenigen war bisher das Glück vergönnt, „Nessie“ mit eigenen Augen zu sehen.

Der Erste, der dem Monster angeblich die Stirn bot, war ein irischer Mönch namens Columban. Über ihn steht in einem 1300 Jahre alten Buch geschrieben, das Monster habe einen seiner Reisegefährten angegriffen, als dieser durch den Fluss Ness schwammen. Der Schwimmer erstarrte vor Angst, Columban hingegen fasste sich ein Herz: Er bekreuzigte sich und befahl dem Ungeheuer, von dem Menschen abzulassen. Das Monster ergriff beeindruckt die Flucht!

Seit diesem Vorfall wollen Tausende Menschen das Monster von Loch Ness gesehen haben. Es gibt geheimnisvolle Filme und verwackelte Fotos von dem Wesen aus der Tiefe. Zwei selbst ernannte Nessie-Experten nahmen die Legende sogar so ernst, dass sie im Jahr 1975 einen Fachartikel veröffentlichten, in dem sie das Seeungeheuer als neue Tierart beschrieben. Deren Name sollte lauten: *Nessiteras rhombopteryx* – was so viel heißt wie „Nessie, der Rautenflosser“. Und als sei das allein nicht schon verrückt genug, glaubten einige Augenzeugen tatsächlich, in Nessie einen Plesiosaurier zu erkennen – ein Meeresreptil, das vor 65,5 Millionen Jahren ausgestorben ist (siehe Seite 69)! Hat womöglich doch ein einzelnes Tier überlebt? Nein! Alles spricht gegen die Legende vom Loch-Ness-Monster und besonders viel gegen die Plesiosaurier-Theorie.

Fangen wir beim See an. Der Loch Ness entstand im Zuge der jüngsten Eiszeit vor rund 12 000 Jahren. Wäre Nessie ein Plesiosaurier, hätte das Tier demzufolge rund 65,488 Millionen Jahre ausharren müssen, bevor es im See abtauchen konnte. So alt wird kein Tier!

Sollte ihm das jedoch auf wundersame Weise gelungen sein, bleibt die Frage, warum das Ungeheuer auf den meisten Fotos den Hals schwanengleich krümmt. Dazu waren Plesiosaurier nämlich nicht imstande, ihre Wirbelsäule war zu steif. Zudem hätte Nessie in ihrem schottischen Pool mächtig gefroren: Das Wasser des Sees ist im Schnitt nur fünf Grad Celsius warm. Plesiosaurier aber brauchten Temperaturen von mindestens 12 Grad, um nicht an Unterkühlung zu sterben.

Doch auch wenn aus wissenschaftlicher Sicht alles dagegen spricht – was ist mit den vermeintlichen Beweisbildern? Die meisten haben sich als Fälschung erwiesen, darunter auch das berühmteste Nessie-Foto von Robert K. Wilson, einem Arzt aus London. Er hatte das Bild im April 1934 aufgenommen und damit das Nessie-Fieber richtig angeheizt. Jahrzehnte später gestand ein Bekannter Wilsons, das Foto zeige nichts anderes als ein Stück Kunststoff, das er damals an einem Spielzeug-U-Boot befestigt hatte.

Wahre Nessie-Fans lassen sich davon jedoch nicht abschrecken. Der Vorsitzende des Nessie-Fanclubs etwa hat eine Versicherung abgeschlossen, die zahlt, wenn er von dem Seemonster gefressen werden sollte. Noch fester aber glauben die Gastwirte rund um den See an die Legende. Kommen dank ihr doch jedes Jahr Tausende Touristen an den Loch Ness und halten Ausschau nach dem sagenumwobenen Monster. ●

Robert Wilsons berühmtes Nessie-Foto (rechts) ist eine **FÄLSCHUNG.** Vielleicht führt die Suche nach einem Urzeit-Wesen ohnehin in die Irre, und es handelt sich um ein ganz anderes Tier. Das

DAS LIEBE FEDERVIEH

Wie viel Vogel steckt in einem Dinosaurier?

In der Welt der Evolutionsforscher geht es seit einiger Zeit hoch her. Lange glaubten die Experten, Vögel trügen als einzige Lebewesen Federn. FOSSILIEN AUS CHINA aber belegen nun, dass sich auch manch Dinosaurier mit einem Gefieder schmückte. Und es gab noch mehr Gemeinsamkeiten. GEOlino extra liefert Beweise

TEXT: JANA FLEMMING

BEWEIS NR. 1: Die KINDERSTUBE dieses Therizinosauriers ähnelt einem Vogel-Ei bereits auf zweierlei Weise. Die Eierschale besteht zum einen aus zwei Kalkschichten. Zum anderen wird sie von weniger Poren durchzogen als etwa das Ei eines Langhals-Dinos

BEWEIS NR. 2: Eier brauchen Wärme! Das wusste vermutlich auch ein Oviraptor. Fossilienfunde belegen, dass die Dinosaurier auf ihrem **GELEGE** saßen. Gerade so, als würden sie die Eier ausbrüten

Alan Feduccia müssen die Ohren geglüht haben. „Totaler Müll“, „pure Fantasie“, „heiße Luft“, „eine Peinlichkeit“, schimpften Kritiker, kaum war Feduccias neues Werk erschienen. Der Biologie-Professor von der Universität North Carolina im gleichnamigen US-Bundesstaat hatte ein Buch über den Ursprung der Vögel geschrieben. Darin widersprach er der weitläufigen Theorie, Amsel, Drossel, Fink und Star stammten von räuberischen Dinosauriern ab. Feduccia glaubte vielmehr, Vögel seien aus baumbewohnenden Reptilien hervorgegangen – die so wenig Dinosaurier sind wie Wale Fische.

Macht das denn wirklich so einen Unterschied?, mag sich mancher denken – allerdings nur, wenn er kein Biologe ist. „Woher kommen die Vögel?“ ist für die Naturwissenschaftler nämlich eine Art Millionen-Euro-Frage. Von der Antwort hängt zum Beispiel ab, ob wir jemals verstehen werden, wie Wirbeltiere fliegen lernten oder welche Merkmale heutiger Vögel Dino-Forscher auf T. rex und Co. übertragen dürfen. Hatten Theropoden ähnliche Knochen wie Vögel? Trugen sie Federn? Konnten einige Dinos gar schon fliegen? – und wenn ja: Kamen sie aus eigener Kraft in die Luft oder mussten sie von höher gelegenen Orten wie Baumkronen starten?

Die Schelte für Alan Feduccia liegt heute 14 Jahre zurück. Der Streit ist längst Vergangenheit. Zu überzeugend sind die Beweisstücke, welche die Anhänger der Dino-Theorie seitdem ausgegraben haben – darunter zum Beispiel Skelette von Raubsauriern ▸

BEWEIS NR. 3: Diesen Gesellen stellten sich Forscher lange als schuppige Echse vor. Heute weiß man, dass ein Velociraptor stattdessen ein Kleid aus Daunen trug. An den Armen wuchsen ihm sogar kräftige **FEDERN**, fliegen konnte er trotzdem nicht. Die »Flügel« dienten als Balance- und Lenkhilfe und machten aus dem Zweibeiner einen wendigen Jäger

wie den Klauenträgern Deinonychus und Velociraptor, die stummelärmigen Alvarezsaurier oder Oviraptoren mit ihren Papageienköpfen. Sie alle liefen wie moderne Vögel auf zwei Beinen, besaßen leichte, von Luftsäcken durchdrungene Knochen und drei vogeltypische Vorderkrallen an den Füßen. Ihre Wirbelsäule und ihr Becken ähnelten denen heutiger Vögel – und manche von ihnen hatten gar ein bewegliches Handgelenk, dank dessen sie ihre Finger so nach hinten klappen konnten, als würden sie wie Vögel ihre Flügel anlegen.

Viel eindeutiger noch aber wird die Verwandtschaft, wenn man den Raubsauriern ins Nest schaut. Dort hinein, das wissen Forscher heute, legten sie Eier mit doppelter Kalkschicht als Schale und der typischen Hühnerei-Form: ein Ende spitzer, das andere stumpfer. Die Eier anderer Reptilien – ganz gleich ob Krokodil oder Langhals-Dinosaurier – sind mit nur einer Kalkschicht ausgestattet und dazu gleichmäßig in die Länge gezogen oder gar kugelrund.

Saßen die Raubsaurier aber auch wie Glucken auf ihren Eiern? Einiges deutet darauf hin: Wissenschaftler haben Skelette von Oviraptoren und Troodontidae ausgegraben, die auf ihren Gelegen hockend versteinert sind – gerade so, als hätte sie der Tod beim Brüten ereilt. Bei einer Dinosaurierart namens *Mei long* (chinesisch für „Schlafender Drache") stellten die Forscher fest, dass der Saurier vor seinem Tod die Beine eingeknickt und an den Bauch gezogen hatte. Der Kopf des Tieres steckte unter einem Flügel – in typischer Vogel-Schlafhaltung.

Und dann ist da natürlich noch das wichtigste aller Vogelmerkmale: die Feder. Auch bei der Entwicklung des Gefieders haben Raubsaurier sozusagen ihre Krallen mit im Spiel gehabt. Nicht nur einige wenige Theropoden, sondern mindestens ein Dutzend Arten trugen ein Federkleid. Auch wenn das sehr unterschiedlich ausfallen konnte: Der kleine Tyrannosaurier *Dilong* zum Beispiel trug nur einen weichen Flaum zur Schau. Dessen einzelne Federn sahen ungefähr so aus wie ein gerupfter Tannen- ▸

BEWEIS NR. 5: Wie Haare sehen jene Federn aus, die den Beipiaosaurus an Kopf, Rücken und Schwanz schmückten. Die bis zu 15 Zentimeter langen **KERATINSTÄBCHEN** gelten als Feder-Urtyp. Mit ihnen versuchten die Dinos vermutlich, Eindruck auf ihre Partner zu machen

BEWEIS NR. 4: Brauner Schwanz mit weißen Streifen? Das müssen Sinosauropteryxe sein. Die Räuber gehören zu den wenigen Dinos, deren **FEDERFARBE** Forscher entschlüsseln konnten. Seitdem steht zudem fest: Den Dinos wuchsen Federn, lange bevor sie fliegen lernten

DIE FEDERN DER DINOSAURIER

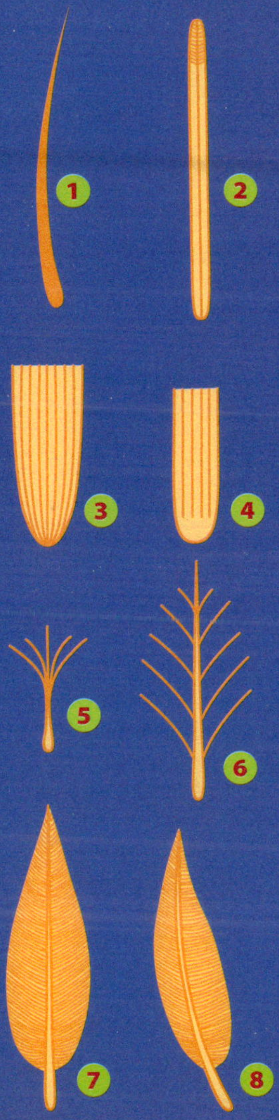

Gefiederte Dinosaurier sahen keinesfalls wie gerupfte Hühnchen aus. Neue Fossilienfunde beweisen: Mindestens ein Dutzend Arten trugen ein mehr oder weniger dichtes Daunenkleid, das meist aus sogenannten **PROTOFEDERN** bestand. Das waren einfach gebaute Federn, von denen Forscher bisher acht unterschiedliche Formen entdeckt haben. Der Beipiaosaurus zum Beispiel muss ein echter Zottel gewesen sein. Er trug dünne Federn (1), die wie gebogene Zahnstocher geformt waren. Laien könnten seine „Federpracht" deshalb glatt mit einer Mähne verwechseln.

Was an *Anchiornis huxleyi* sprießt, kommt dagegen unserer Vorstellung eines Gefieders schon etwas näher. Der Theropode schmückte sich mit gleich drei verschiedenen Federtypen. An Beinen und Schwanz zeigte er Federn mit geradem Schaft und Federfahne (7). Sie sahen fast schon so aus wie bei den heutigen Vögeln. Der Rest seines Körpers wurde jedoch von Gefieder bedeckt, das mal an einen Pinsel (3) und mal an einen nadellosen Tannenbaum erinnert (6). Eines aber hatten alle acht Federformen gemeinsam: Sie dienten vermutlich dazu, die Dinosaurier vor Kälte zu schützen. Dass sich ein Federkleid auch zum Balzen oder besser noch zum Fliegen eignete, entdeckten die Dinosaurier erst im Laufe der Zeit.

BEWEIS NR. 6: Das prachtvolle Federkleid des *Anchiornis huxleyi* kam dem Gefieder, das etwa ein **GOCKEL** heute trägt, schon recht nah. Der kleine Fleischfresser lebte vor 151 Millionen Jahren und gilt als der älteste gefiederte Dinosaurier

zweig. Sie knickten leicht und erinnerten eher an ausgefranste Haare als an echte Vogelfedern. Die Federn an den Armen und Beinen des *Microraptor gui* dagegen dürften denen eines Storches in fast nichts nachgestanden haben.

Flugfedern an Armen und Beinen? Das klingt nun allerdings nicht sehr vogelig. Doch einem Microraptor wuchsen in der Tat an allen vier Gliedmaßen lange Federn. Er besaß also genau genommen vier Flügel. Wildes Flattern, wie wir es heute von aufgeschreckten Staren kennen, dürfte ihnen jedoch nicht gelungen sein. Ihre einfachen Federn waren viel zu schwach.

Daher nehmen die Forscher an, dass sich die fast 80 Zentimeter langen Saurier aus Baumkronen stürzten und dann wie Papierflieger zu Boden segelten. Eier, Knochen, Federn – sind damit wirklich schon alle Fragen im Vogel-Dino-Verwandtschaftsstreit beantwortet? Nicht ganz! Denn gleich ob Ovi- oder Microraptor: Bis vor Kurzem kannte man keinen vogelähnlichen Dinosaurier, der vor dem weltbekannten Urvogel Archäopteryx gelebt hat. Von wem hatte der nun wieder seine Vogelmerkmale geerbt? Etwa doch von geheimnisvollen Reptilien, wie Alan Feduccia behauptet hatte? Nein! Auch diese letzte Frage ist mittlerweile beantwortet.

Chinesische Wissenschaftler vermeldeten im Januar 2010 den Fund eines etwa 160 Millionen Jahre alten Dinosauriers, dessen Skelett von dem moderner Vögel kaum zu unterscheiden ist. *Haplocheirus sollers* heißt das etwa zwei Meter lange Tier aus der Gruppe der Alvarezsaurier, welche Wissenschaftler lange nicht genau einordnen konnten. Waren diese Tiere nun Dinosaurier oder flugunfähige Vögel? Mit diesem neuen Fund ist die Entscheidung gefallen: *Haplocheirus sollers* ist garantiert ein Dino und damit der älteste bekannte Vorfahre unserer modernen Vögel. Wenn ihr also das nächste Mal im Garten eine Meise beobachtet, dann seht ihr zweifelsohne einen direkten Nachfahren von T. rex und Co.

BEWEIS NR. 7: Vogel oder Dino? Archäopteryx besaß von beiden etwas. Er trug Zähne und Fingerklauen wie ein Dino. Seine Schlüsselbeine aber waren schon wie bei Fink und Star zu einem GABELBEIN verschmolzen

WAS KNOCHEN ERZÄHLEN

Ein Stück Dinosaurier steckt in jedem Vogel – auch wenn man es auf den ersten Blick nicht mehr erkennt. Vergleicht beispielsweise das Skelett des engen Dino-Verwandten **ARCHÄOPTERYX** (links) mit dem Knochengerüst einer **ENTE** (rechts): Die drei frei stehenden Krallenfinger des Urvogels sieht man bei Enten nicht mehr. Sie sind im Laufe der Zeit miteinander verschmolzen und Teil des Flügels geworden. Vom langen Dinosaurierschwanz ist heute nur noch der kurze Bürzel übrig. Zudem liegt das Schambein der modernen Vögel am Beckenknochen an. Dadurch hat sich der Körperschwerpunkt so verschoben, dass Enten das Fliegen leichter fällt als dem Urvogel. Archäopteryx trug zwar Flugfedern, seine dinotypischen Schulter- und Brustknochen waren aber nicht dafür geschaffen, so kraftvoll mit den Flügeln zu schlagen wie eine Ente.

BEWEIS NR. 9: Hier kommt ein Urzeit-König der Lüfte! Auch wenn *Microraptor gui* die Muskeln fehlten, um mit den Flügeln zu schlagen. Der Dino mit den Flugfedern an Armen und Beinen hatte sich auf den **GLEITFLUG** spezialisiert. Er sprang vermutlich von Felsen oder aus Bäumen und segelte dann wie ein Doppeldecker-Flugzeug zu Boden oder zum nächsten Baum

MICRORAPTOR

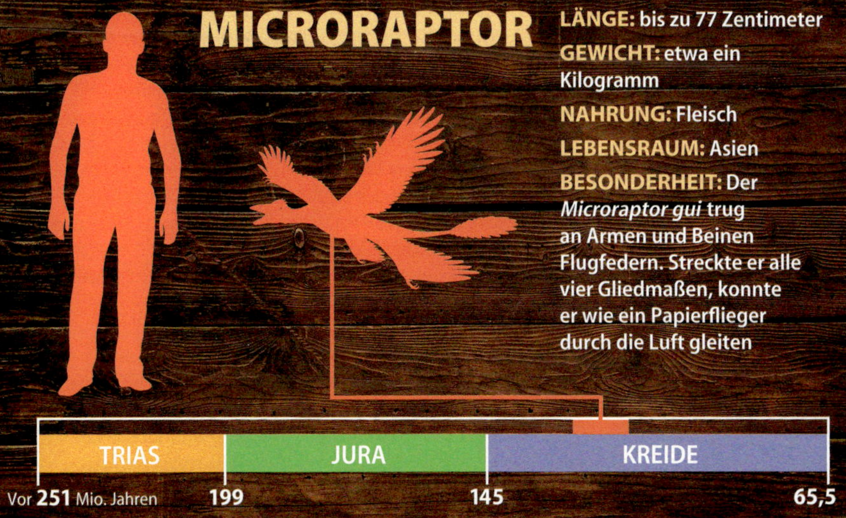

LÄNGE: bis zu 77 Zentimeter

GEWICHT: etwa ein Kilogramm

NAHRUNG: Fleisch

LEBENSRAUM: Asien

BESONDERHEIT: Der *Microraptor gui* trug an Armen und Beinen Flugfedern. Streckte er alle vier Gliedmaßen, konnte er wie ein Papierflieger durch die Luft gleiten

BEWEIS NR. 8: Die Federabdrücke am versteinerten Skelett eines Archäopteryx waren lange der einzige Beweis, dass Urtiere Federn trugen. Archäopteryx wurde deshalb zum **URVOGEL** ernannt

Gleiter mit vier Flügeln

Die Flugshow des Microraptors

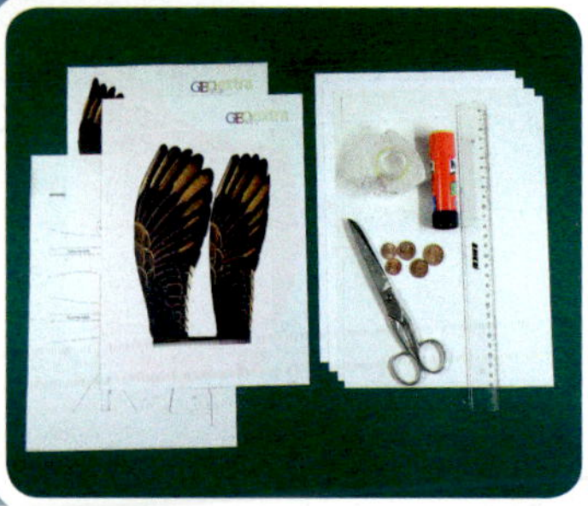

1

2

3

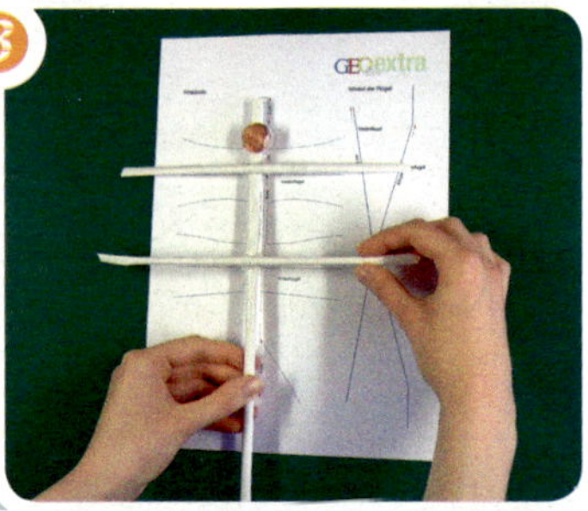

4

5

Wer glaubt, Wissenschaft mache keinen Spaß, sollte unseren Microraptor nachbauen. Der PAPIER-DINO gleitet nicht nur auf die gleiche Art zu Boden wie die Vorfahren der Vögel. Er dient Forschern auch als Testmodell – zum Beispiel bei der Frage: Welche Flügelstellung verlieh dem Microraptor den meisten Auftrieb?

Ihr braucht:

- 2 Blätter A4-Papier (100 Gramm schwer)
- 5 Blätter A4-Papier (80 Gramm schwer)
- jeweils eine Fünf-, eine Zwei- und eine Ein-Cent-Münze
- Schere, Papierkleber, Klebefilm, Lineal und Bleistift

1 Druckt zunächst auf drei Blättern des dünneren Papiers den Microraptor-Bastelbogen aus. Den findet ihr auf unserer Website unter **www.geolino.de/microraptor**. Klebt die beiden Ausdrucke, auf denen sich die Bauteile des Microraptors befinden, auf je ein Blatt des dickeren Papiers. Lasst den Klebstoff trocknen und schneidet dann Flügel, Kopf und Schwanzfedern aus.

2 Rollt das vierte Blatt des dünneren Papiers diagonal auf, sodass eine bleistiftdicke, feste Papierstange entsteht. Klebt das Blattende mit Klebefilm an der Stange fest. Sie wird der Rumpf unseres Microraptors. Für die zwei Flügelstreben teilt ihr das letzte Blatt des dünneren Papiers in zwei A5-große Hälften und rollt beide ebenfalls diagonal zu bleistiftdicken Stangen. Markiert auf beiden Flügelstreben die Mitte und knickt sie an dieser Stelle so weit, dass der Winkel jenem unserer Zeichnung auf dem ersten Blatt des Ausdrucks entspricht. Nehmt nun die drei Münzen und klebt sie mit zwei Streifen Klebefilm zu einem Päckchen zusammen. Anschließend befestigt ihr das Münzgewicht mit Klebefilm zwei Zentimeter hinter der Spitze der Rumpfstange.

3 Klebt jetzt die Flügelstreben von unten an die Rumpfstange. Achtung: Die Enden der vorderen Strebe müssen nach oben zeigen, die der hinteren nach unten – wie es auf dem ersten Blatt des Ausdrucks abgebildet ist.

4 Klebt die beiden Flügelpaare an der Markierung zusammen. Streicht dann etwas Kleber auf jenen Abschnitt der Rumpfstange, der später von den Flügeln bedeckt wird.

5 Platziert dann die Flügel so auf dem Rumpfgerüst, wie wir es in der Vorlage angegeben haben, und befestigt die Enden der Flügelstreben mit Klebestreifen an den Unterseiten der Flügel. Klebt den Schwanz mit Klebefilm von unten an das Ende der Rumpfstange und streicht Schwanz und Flügel glatt. Zum Abschluss wird der Kopf mit Papierkleber von oben auf die Spitze des Modells geklebt.

Tipps für den Testflug:

- Microraptoren aus Papier mögen keinen Wind. Testet euer Modell deshalb am besten bei Windstille.
- Für einen optimalen Flug solltet ihr auf eine kleine Anhöhe steigen. Eine Treppe im Park genügt. Werft das Modell so, dass der Kopf leicht Richtung Boden zeigt. Nach einem kurzen Sinkflug sollte der Microraptor Aufwind bekommen, ein Stück gleiten und am Ende kontrolliert landen. Das gelingt jedoch nicht immer!
- Kippt das Modell im Flug nach hinten, fehlt an der Spitze Gewicht. Löst in diesem Fall das Münzpäckchen und befestigt es ein paar Millimeter weiter vorn.
- Stürzt der Microraptor kopfüber ab, ist die Spitze zu schwer. In diesem Fall empfehlen wir, die Schwanzfedern an beiden Seiten etwas nach oben zu biegen. Genügt das nicht, tauscht am besten die Zwei-Cent-Münze gegen eine zweite Ein-Cent-Münze.
- Fliegt euer Microraptor Kurven, kann das an einer unregelmäßigen Flügelstellung liegen. Schaut in diesem Fall von vorn auf euer Modell und richtet die Flügel noch einmal so aus, wie wir es auf dem Bastelbogen angegeben haben.
- Wir wünschen einen guten Flug!

Bastelkönige gesucht!

Macht mit beim Dinosaurier-Gewinnspiel

Dieser Basteltipp hat es in sich und verlangt Geschick und Experimentierfreude! Euer Ehrgeiz soll sich jedoch lohnen. Die ersten fünf Leser, die uns per E-Mail **EIN FOTO VOM FLUG** ihres Papier-Microraptors schicken, erhalten ein GEOlino-Dinosaurier-Paket. Darin enthalten sind ein Lexikon, das neue Sachbuch „Dinosaurier: Erwecke sie zum Leben“, eine nachtleuchtende Dino-Trinkflasche und zwei Dino-Bastelsets. Ob mit dem Handy fotografiert oder mit der Digitalkamera – schickt euer Beweisfoto an **briefe@geolino.de** Einsendeschluss ist der 31. Oktober 2010

AUF DIE KÖTEL, FERTIG, LOS!

Die etwas andere Schatzsuche

Goldschürfen war gestern. Wer heute aufregende Funde machen will, muss nach Koprolithen AUSSCHAU HALTEN – oder besser gesagt nach versteinertem Saurier-Kot. GEOlino extra verrät euch, wo und wie ihr den finden könnt und warum sich die Mühe wirklich lohnt

TEXT: SINA LÖSCHKE ILLUSTRATION: MAX FIEDLER

Die gute Nachricht zuerst: Versteinerter Dinosaurier-Kot stinkt nicht! Er riecht nicht mehr als jeder andere Stein und bleibt auch nicht am Schuh kleben. Allerdings laden die Urzeit-Haufen aufgrund ihrer vielfältigen Formen dazu ein, verwechselt zu werden: So mancher Dino-Jäger hielt Fundstücke schon mal für versteinerte Früchte, Korallen, Insektenlarven oder sogar für zu Stein gewordene Nacktschnecken.

Ziel der Jagd

Warum sollte man Koprolithen suchen? Keine andere Dino-Spur verrät mehr über die Ernährung einer Riesenechse als sein „Poop", wie die Amerikaner zu „Kacke" sagen. Als die US-amerikanische Forscherin Karen Chin zum Beispiel die Kothaufen verschiedener *Maiasaura* unter die Lupe nahm, entdeckte sie darin zahllose Koniferenfasern. Wie aber kamen so übermäßig viele Nadelholzsplitter in den Magen der Pflanzenfresser? Chin weiß nur eine Erklärung: Wenn das verrottende Holz von Pilzen befallen war, wurden selbst Dinos wie die *Maiasaura* satt.

Schatzkarte

Schatzsucher und Poop-Jäger haben eines gemeinsam: Sie brauchen für ihre Suche eine Karte. Jene des Koprolithen-Sammlers sollte zeigen, wo sich vor mindestens 65,5 Millionen Jahren Sümpfe, Auen oder Flüsse befunden haben. Der Grund: Poop, der in Morast oder feinem Sand versank, wurde meist sofort luftdicht umschlossen. Gefräßige Mistkäfer und Schnecken, die sich sonst auf jeden Haufen stürzten, hatten oft das Nachsehen. Der Kot konnte in Ruhe versteinern.

Spielorte

Wer als Poop-Jäger einen Meistertitel anstrebt, muss Reisen in Kauf nehmen. Die größten Chancen auf herausragende Funde bestehen nämlich im Westen Nordamerikas, an Großbritanniens Küsten, in China und Indien. Eine Grabschaufel müsst ihr dabei nicht unbedingt im Gepäck haben. So mancher stolperte schon in Flussbetten oder Steinbrüchen über Dino-Kot.

Spielsteine

Woran erkenne ich Dino-Poop? Koprolithen sehen aus wie die Hinterlassenschaften von Nachbars Struppi, nur etwas blasser! Mal sind sie eher eiförmig, mal ähnelt ihre Form einer Kugel, Würsten oder einem Stück Seil. Bei manchen ist die Oberfläche von Mistkäfergängen und Schneckenspuren durchzogen. Andere Haufen scheinen mit ihrem Untergrund fest verwachsen zu sein und sind deshalb kaum zu erkennen.

Rekordhalter

Den schwarzen Meistergürtel der Koprolithen-Jäger trügen, wenn es ihn gäbe, die Forscher um Karen Chin. Ihnen ist es gelungen, die versteinerte Kackwurst eines *Tyrannosaurus rex* auszugraben. Deren Größe übertrifft alle anderen Funde um das Doppelte! Unglaubliche 44 Zentimeter misst der poröse Stein in der Länge. Er ist so dick wie der Oberarm eines Mannes, wiegt über sieben Kilogramm und enthält eine Vielzahl zerkauter Knochensplitter. Es lohnt sich für Dino-Jäger also, auf Koprolithen-Suche zu gehen und mal richtig in der Sch… zu wühlen. ●

Langhalsig:

Mamenchisaurus – Giraffe

Manche Tiere können den Hals einfach nicht voll bekommen! Beim Mamenchisaurus maß dieser nämlich bis zu 13 Meter und bestand aus 19 Wirbeln. So verspeiste er BLÄTTER, die andere Tiere nur von unten anschmachten konnten. Ähnlich hochnäsig frisst heute, über 100 Millionen Jahre später, die Giraffe. Ihr genügt schon ein etwa anderthalb Meter langer Hals, um alle anderen zu überragen

Mit Pelz und flinken Pfoten

Leben im Schatten der Dinosaurier

Auf Größe kam es ihnen nicht an. Die ersten Säugetiere setzten auf ganz andere Überlebenstricks: Sie trugen Fell, kümmerten sich um ihre Jungen und fraßen so gut wie alles. Trotzdem begann DER SIEGESZUG DER SÄUGER erst, als die Riesenechsen ausstarben. Was die Pelztiere heute dennoch mit den Dinos gemeinsam haben, seht und lest ihr auf diesen Seiten

TEXT: BERTRAM WEISS

Was haben eine Giraffe und ein Mamenchisaurus gemeinsam? Einen langen Hals und eine Vorliebe für frische Triebe aus den Baumwipfeln. Jene saftigen Spitzen hoch oben, an die kaum ein anderer Vierbeiner herankommt. Würden sich die zwei Langhälse über ein und denselben Baum hermachen, kämen sie sich dennoch nicht in die Quere: Die Giraffe würde sich am Grünzeug in etwa fünf Meter Höhe laben. Dem 22 Meter langen Mamenchisaurus aber reichte sie damit vermutlich gerade einmal bis zur Schulter.

Ganz abgesehen davon: Futterneider aus der Familie der Säugetiere musste ein Riese wie Mamenchisaurus ohnehin niemals fürchten. Giraffen gab es zu seiner Zeit nicht. Und was an säugetierähnlichen Wesen über den Erdboden huschte, hätte dem Urzeit-Riesen allenfalls in den Fuß zwicken können. Die größte Art unter ihnen, der etwa ein Meter lange Repenomamus, brachte höchstens 14 Kilogramm auf die Waage – nicht mehr als ein dreijähriges Kind! ▸

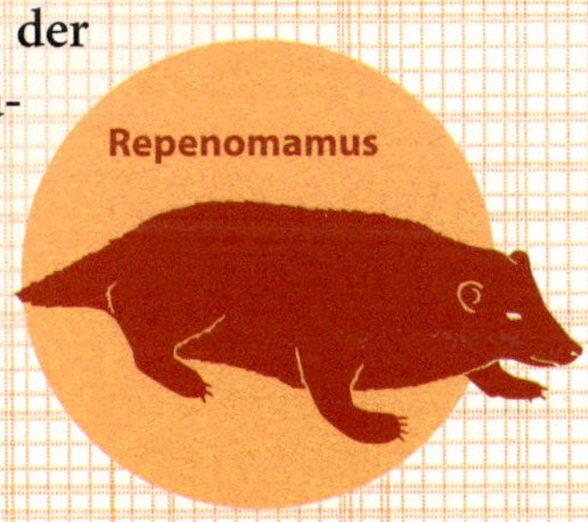

Diebisch:
Compsognathus – Mauswiesel

Klein und gemein? Zumindest räuberisch! Diese beiden FLEISCHFRESSER sind die jeweils kleinsten ihrer Gruppe. Der Compsognathus maß einen knappen Meter und wog – ganz undinohaft – höchstens drei Kilogramm. Das Mauswiesel ist noch viel kleiner. Es bringt gerade so viel auf die Waage wie eine halbe Tafel Schokolade, ist 15 Zentimeter lang und hat dabei einen Bärenhunger: Es verschlingt täglich etwa ein Drittel seines Körpergewichtes in Form kleiner Mäuse

Tödlich:
Giganotosaurus – Tiger

Es gibt Zeitgenossen, bei deren Anblick nur eines bleibt: Flucht! Zu Zeiten der Dinos galt das vor allem für den Giganotosaurus, einen der größten FLEISCHFRESSER. Über zwölf Meter wurde er lang und schwer wie ein Lastwagen. Ähnlich furchterregend ist heute der Tiger. Allerdings wiegt der höchstens 300 Kilogramm – weniger als ein Zwanzigstel des Urzeit-Riesen. Trotzdem erlegt er Beutetiere, die oft deutlich größer sind als er selbst

Trotzdem: Sein versteinertes Skelett gehört zu jenen Funden, die den Wissenschaftlern in den vergangenen zehn Jahren Kopfzerbrechen bereitet haben. Bis dahin hatten die Forscher nämlich geglaubt, die ersten Säuger seien kleine, scheue Tierchen gewesen, die sich aus Angst vor Raubsauriern nur nachts aus ihren Verstecken trauten, um den Waldboden nach Insekten und Würmern abzusuchen.

Repenomamus passt nun so gar nicht in dieses Bild. Im Magen eines der versteinerten Säuger fanden die Forscher nämlich Überreste eines 14 Zentimeter langen Psittacosauriers. Das legt nahe: Der Vierbeiner machte Jagd auf Dino-Junge. Nicht gerade das, was man von einem verhuschten Angsthäschen erwarten würde.

Ebenso überraschend für die Forscher war die Entdeckung von Haldanodon und Caustorocauda. Der eine Urzeit-Säuger grub sich Gänge durch das Erdreich wie heute ein Maulwurf. Der zweite tauchte wie ein Biber und knackte Muscheln wie ein Seehund. Sein Plattschwanz, die Robbenzähne und Schwimmhäute zwischen den Zehen lassen nur einen Schluss zu: Caustorocauda hatte sich schon vor über 160 Millionen Jahren auf das Leben im Wasser spezialisiert – viel früher, als die Forscher jemals angenommen hatten. An der Fundstelle seines Skelettes stießen die Wissenschaftler zudem auf jene Spuren, die Säugetier-Fossilien eindeutig von denen eines Dinosauriers unterscheiden: Haarabdrücke im Gestein!

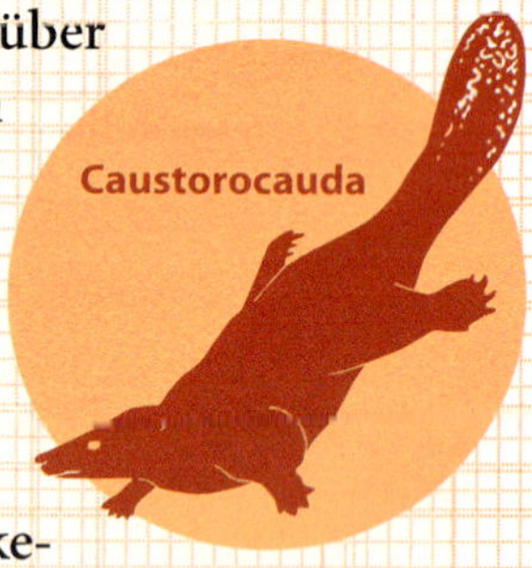

Ob Repenomamus, Haldanodon oder ein anderer der rund 310 bekannten Urzeit-Säuger – vermutlich allen wuchs Fell. Ein großer Vorteil! Denn solch ein Pelz verringert die ▸

Ausladend:

Quetzalcoatlus – Flughund

Welch ein Überflieger! Auf über zehn Meter Spannweite brachte es der Flugsaurier Quetzalcoatlus – und war damit so ausladend wie ein Propeller-Flugzeug. Im Wettstreit um die größten **SCHWINGEN** liegt bei den Säugern ein Fledertier vorn: der große Flughund Kalong. Breitet er seine Flügel über den Wäldern und Sumpfgebieten Südostasiens aus, spannen sie sich immerhin auf 1,70 Meter

Räuberisch:

Pliosaurus – Orca

Ihr Revier ist das Meer: 70 Millionen Jahre lang fletschte der Pliosaurus dort seine bis zu 25 Zentimeter langen **ZÄHNE**. Seinen Platz nimmt heute der Orca ein. Mit etwa neun Meter Länge ist dieser Wal etwas kleiner als ein Pliosaurus – aber mindestens so gefährlich. Denn er jagt meist in Gruppen und treibt so zum Beispiel Haie, Delfine und Robben in die Enge

Gewichtig:

Argentinosaurus – Elefant

Scharfe Krallen? Riesengebiss? Um sich zu verteidigen, genügt manchmal auch ein großer Auftritt. Unter den Dinos war der **PFLANZENFRESSER** Argentinosaurus mit etwa 70 Tonnen am massigsten. Dagegen wiegt der schwerste heute lebende Landsäuger lächerlich wenig: Der Afrikanische Elefant bringt es auf gerade einmal sechs Tonnen

Flott:

Dromiceiomimus – Gepard

Groß und stark? Klein, schnell und fit! Mit seinen langen Beinen beschleunigte der vogelähnliche Dromiceiomimus auf bis zu 65 Kilometer pro Stunde. Der Gepard, der schnellste Läufer von heute, hätte ihn allerdings ruck, zuck abgehängt! Bis zu Tempo 114 erreicht die **RAUBKATZE** im Sprint. Das erleichtert ihr nicht nur die Jagd, sondern im Notfall auch die Flucht!

Menge an Wärme, die ein Lebewesen an die Umgebung abgibt. So friert es nicht so schnell, muss seinen Körper weniger heizen – und daher auch weniger fressen, um die „Körperheizung“ in Gang zu halten. Ein großer Vorteil gegenüber den Riesenechsen. Aber beileibe nicht der einzige.

Dinosaurier-Junge wuchsen etwa in Eiern heran und waren oft schon ab dem ersten Tag auf sich allein gestellt – was sie zur leichten Beute für Räuber aller Art machte. Säuger dagegen brachten ihren Nachwuchs lebend zur Welt, fütterten die Jungen mit nahrhafter Muttermilch und beschützten sie vor Angreifern. Jedes einzelne Repenomamus-Junges besaß so deutlich größere Überlebenschancen.

Ihre relativ geringe Größe, der wärmende Pelz und die ausgeprägte Fürsorge – all diese „Neuheiten“ sicherten den Säugetieren das Überleben, als vor 65,5 Millionen Jahren ein gigantischer Meteorit auf die Erde stürzte, Staub und Asche für Jahre die Sonne verdunkelten und sich das Klima auf der ganzen Erde abkühlte. Die Kälte? Konnte den Pelztieren im Vergleich zu den Dinos weniger anhaben. Dass es kaum noch Nahrung gab, weil auch viele Pflanzen eingingen? Die Säuger brauchten ja nicht so viel.

Während die Dinosaurier ausstarben, vermehrten sich die Säugetiere prächtig und besiedelten nach und nach alle Lebensräume, in denen zuvor die Dinosaurier geherrscht hatten: Fledermäuse flogen schon bald durch die Abenddämmerung; in den Wäldern lauerten wolfsgroße Räuber harmlosen Pflanzenfressern auf; in den Ozeanen schwammen die ersten Wale.

Und vor rund 50 Millionen Jahren tauchten dann auch jene kleinen Pelztiere mit nach vorn gerichteten Augen und langen Fingern auf, die als Urahnen der Affen gelten und damit als Vorfahren des bis heute intelligentesten Vertreter aller Säugetiere: des Menschen. ●

Piksig:
Lexovisaurus – Großes Stachelschwein

Ausgerüstet mit Abstandshaltern: Schon vor 160 Millionen Jahren nutzte der bis zu sechs Meter lange Pflanzenfresser Lexovisaurus Stacheln zur Verteidigung. Diese STRATEGIE findet auch das Stachelschwein spitze: Seine Pikser können bis zu 35 Zentimeter lang werden

Das Ende der Dinosaurier

Sie beherrschten über 160 Millionen Jahre lang unseren Planeten – bis sie vor 65,5 Millionen Jahren beinahe schlagartig ausstarben. Welche KATASTROPHE das Ende der Dinosaurier einläutete, darüber sind sich Wissenschaftler bis heute nicht ganz einig

TEXT: DOROTHÉE BUCHE
ILLUSTRATION: FREDERIC DUPONT

Die Halbinsel Yucatán im heutigen Mexiko, vor etwa 65,5 Millionen Jahren. Schneller als eine Kanonenkugel rast ein Meteorit auf die Erde zu. Ein tödliches Geschoss: Mit nie gesehener Wucht rammt sich der berggroße Felsbrocken in den Boden. Die Druckwelle mäht jede Pflanze, jedes Tier, einfach alles im Umkreis von Hunderten Kilometern nieder. Das Meer kocht. Unter dem Einschlag wankt die gesamte Oberfläche des Planeten: Erdbeben erschüttern die Kontinente, Tsunamis zerstören die Küsten. Asche und Staub steigen in unvorstellbaren Mengen auf und verdunkeln den Himmel – für Jahre. Kaum noch ein Sonnenstrahl dringt durch, es wird kalt. Viele Tiere und Pflanzen, die den Meteoriteneinschlag überlebt haben, fallen der anschließenden Klimaveränderung zum Opfer. Insgesamt sterben über die Hälfte der Lebensformen auf der Erde. Darunter alle Dinosaurier.

Welch ein beispielloses Massensterben! Es beendet – nach über 160 Millionen Jahren – mit einem Schlag das Zeitalter der Riesenechsen. Woher man das weiß? Zum Beispiel, weil es in jüngeren Erdschichten keine

Der Himmel brennt! Ungefähr so könnte die Ankunft des Meteoriten ausgesehen haben. Rund 15 Kilometer im Durchmesser maß der **GESTEINSBROCKEN**. Sein Einschlag auf der mexikanischen Halbinsel Yucatán vernichtete alles im Umkreis von 1500 Kilometern – durch den Einschlag ausgelöste Hitze, Erdbeben und Tsunamis töteten über die Hälfte allen Lebens auf der Erde

Dino-Spuren mehr gibt. Woher man aber weiß, dass tatsächlich ein Meteorit der Auslöser war – tja, da wird es schon schwieriger. Schließlich war kein Mensch dabei. Und so gibt es manch einen Forscher, der große Zweifel an dieser Vorstellung und meist eine ganz eigene Theorie dazu hat, wie es wirklich gewesen sein könnte.

Gerta Keller von der US-amerikanischen Universität in Princeton glaubt etwa, dass gigantische Vulkanausbrüche in Indien die Dinos auslöschten. Die Feuerspucker könnten genügend Asche in die Luft katapultiert haben, um den Himmel zu verdunkeln. Mit Folgen, die denen eines Meteoriteneinschlags gleichen: Dunkelheit und Kälte. Tatsächlich haben Geologen genügend Gesteinsproben gefunden, die beweisen, dass die Vulkane im heutigen Indien vor rund 65 Millionen Jahren verrückt spielten. Aber haben sie auch ausreichend Asche herausgeblasen, um eine jahrelange Kälteperiode auszulösen? Wer weiß.

James Castle von der Clemson-Universität im US-Bundesstaat South Carolina dagegen denkt, winzige Bakterien könnten die Riesen dahingerafft haben. ▸

Der Meteorit wirbelte Millionen Tonnen Staub und Asche auf, die für Jahre die Sonne verdunkelten. Das Klima kühlte ab, es konnten kaum noch Pflanzen wachsen. Dinos, die wie dieser Parasaurolophus die unmittelbaren Folgen des Einschlags überstanden hatten, verhungerten oder erfroren bald. Viele **SÄUGETIERE** überlebten allerdings; ihre kleinen Körper kamen mit weniger Nahrung aus

Seine Erklärung: Cyanobakterien, auch als Blaualgen bekannt, wucherten damals in so großer Zahl, dass ihr Gift die Meere und sogar das Trinkwasser verseucht haben könnte. Dazu hätten die vermodernden Reste der Algenblüten derart viel Sauerstoff verbraucht, dass den Tieren schlicht die Luft zum Atmen ausging. Tiere und Pflanzen starben.

Weibchenmangel lautet dagegen die Theorie von David Miller, der an der Universität im englischen Leeds forscht. Miller ist zwar auch Anhänger der Meteoritentheorie. Er glaubt aber, die Folgen waren andere: So hätte die anschließende Kältewelle vor allem dazu geführt, dass immer weniger Weibchen geboren wurden. Bei Reptilien etwa wird nämlich das Geschlecht schon im Ei durch die Außentemperatur bestimmt. Schließlich gab es vielleicht nur noch Männchen, die sich nicht mehr fortpflanzen konnten und einsam starben.

Und was stimmt jetzt? Neuester Stand ist das Forschungsergebnis eines mehr als 40-köpfigen internationalen Teams unter der Leitung von Peter Schulte von der Universität Erlangen. Das sah sich alle Theorien noch einmal an, alle Fakten, alle Funde –

und kam zu dem Schluss: Ja, der Meteorit ist schuld. Zwingender Beweis: In Erdschichten, die 65 Millionen Jahre alt sind, ist 10 000-mal mehr von dem Metall Iridium abgelagert als in anderen Schichten. Und dieses Metall findet sich vor allem in Meteoriten.

Fall erledigt? Keineswegs. Denn wer glauben möchte – und das glaubt manch einer tatsächlich –, dass in Wahrheit alles noch ganz anders war und Außerirdische auf die Erde kamen und alle Saurier umbrachten, wird das auch weiterhin tun. Iridium hin oder her.

PARASAUROLOPHUS

LÄNGE: bis zu 10 Meter
GEWICHT: bis zu 7 Tonnen
NAHRUNG: Pflanzen
LEBENSRAUM: Nordamerika
BESONDERHEIT: Der Vogelbecken-Dinosaurier besaß einen bis zu anderthalb Meter langen hohlen Knochenzapfen auf dem Kopf, mit dem er vermutlich Geräusche erzeugen konnte

TRIAS | JURA | KREIDE
Vor 251 Mio. Jahren | 199 | 145 | 65,5

INS DINO-LAND? BITTE FOLGEN!

Wenn heute Dinosaurier wieder zum Leben erwachen, geschieht dies vor allem in Museen und Buchläden. Dort tummeln sich die Riesenechsen zuhauf. Gar nicht so einfach, die besten BÜCHER UND AUSSTELLUNGEN – und was es sonst noch rund ums Thema gibt – herauszufischen. Hier kommen unsere Empfehlungen!

LESEN

WER FORSCHT DENN DA?

In diesem Buch geht es nicht einfach nur um Dinos. Hier stehen ihre Entdecker im Mittelpunkt. Lowell Dingus und Mark Norell stellen Forschungen, Theorien, Erfolge und Misserfolge der berühmtesten Paläontologen vor – angefangen bei den ersten Knochenfunden im 18. Jahrhundert bis hin zu modernen DNA-Analysen. Die Autoren erklären zum Beispiel, wie wahrheitsgetreu die Monster in den „Jurassic Park"-Filmen dargestellt sind, und haben ihr Buch obendrein mit Überraschungen gespickt: Zwischen den Seiten tauchen alte Skizzen, Tagebucheinträge und Briefe berühmter Dino-Experten auf. Diese Beigaben und die beispiellos gute Gestaltung des Buches katapultieren dieses Werk auf Platz eins unserer Dinobuch-Hitliste!

Lowell Dingus / Mark Norell: Die Entdeckung der Dinosaurier. Die spannende Geschichte der Erforschung urzeitlichen Lebens • Bucher • 64 Seiten • 49,90 Euro • ab 12 Jahren

SEHEN

DIE STARS DER URZEIT

Justin Bieber hat ausgedient, Shakira und Lady Gaga sowieso: Jetzt kommen die Stars aus Trias, Jura und Kreidezeit an die Posterwand! Die Dino-Bande gibt es zwar nicht als lebensgroßen Starschnitt – welche Zimmerwand misst schon 21 Meter wie ein Alamosaurus? Dafür zeigen die Poster von Planet Poster Editions gleich mehr als 40 Riesenechsen auf einen Streich. Platz für Justins Autogrammkarte bleibt im Notfall auch noch: unten rechts, an der Ecke …

Dinosaurier aus Trias und Jura / Dinosaurier aus der Kreidezeit. Planet Poster Editions • je 9 Euro • in vielen Buchhandlungen oder unter www.wissenladen.de erhältlich

LESEN UND ENTDECKEN

VIELE KLAPPEN, GROSSARTIGES DAHINTER

Diese zwei Bücher sind wie Ausgrabungsstätten aus Papier: Zwischen ihren Seiten steckt viel mehr, als es auf den ersten Blick scheint. In „Dinosaurier" gilt es, hinter jede Klappe zu schauen, um die Urzeit ins Jetzt zu holen. Im Buch der Papierkünstler Robert Sabuda und Matthew Reinhart dagegen entfalten sich Flugsaurier, Säbelzahntiger, Mammut und Co. wie von Zauberhand in bunten Farben. Die einzige Voraussetzung: Ihr müsst die Bücher aufklappen!

Wissen interaktiv erleben: Dinosaurier. Ravensburger • 29 Seiten • 16,95 Euro • ab 10 Jahren

Robert Sabuda & Matthew Reinhart: Urzeitriesen. Oetinger • 12 Seiten • 24,90 Euro • ab 10 Jahren

SPIELEN

WER'S FINDET, DEM GEHÖRT'S

In „Dino Detektive" werdet ihr selbst zum Paläontologen und entdeckt Skelette der Urzeit-Echsen. Hund und Assistent helfen euch dabei, die versteinerten Knochen zu bergen. Aber aufgepasst! Ihr solltet euch jeden Schritt gut überlegen, denn auch andere Forscherteams lechzen nach Knochenfunden. Museen zahlen schließlich einen stolzen Preis dafür. Das Spiel ist auf den ersten Blick nicht ganz einfach. Wer sich aber die verständliche Anleitung durchliest, hat an „Dino Detektive" garantiert viel Spaß!

Dino Detektive • Amigo • für 2 bis 4 Spieler • etwa 28 Euro • ab 8 Jahren

LESEN

WO RITTER MIT DINOS RINGEN

Dinosaurier sind bekanntlich 65,5 Millionen Jahre vor unserer Zeit ausgestorben. Aber: Was wir Menschen nicht selbst erlebt haben, beflügelt unsere Fantasie. Kein Wunder, dass die Urzeit-Riesen auch in vielen Romanen eine Hauptrolle spielen. Zwei davon wollen wir euch vorstellen: In „Anderswelt" entdeckt Colin auf der Suche nach seinem verschollenen Großvater eine urzeitliche Welt unter der Erde und erlebt das wohl größte Abenteuer seines Lebens. „Der Kampf der Dinoritter" hingegen erzählt von einem Wissenschaftler, der einen Saurier in die Gegenwart holen möchte und ihn versehentlich ins Mittelalter schickt. Dort lehrt der Dino die Ritter das Fürchten. Zwei Geschichten, ein Urteil: fesselnd!

Michael Gerard Bauer: Der Kampf der Dinoritter • Hanser Verlag • 224 Seiten • 12,90 Euro • ab 10 Jahren

Grit Poppe: Anderswelt • Dressler Verlag • 256 Seiten • 12,90 Euro • ab 10 Jahren

HÖREN

DINOS FÜR DIE OHREN

Fans von „Die magische Insel" wissen es längst: Held Einar muss auf dem Eiland die größten Abenteuer meistern – und zwar nur, weil der Junge versehentlich den alten Gott Odin geweckt hat. Der schreibt gerade an einem Geschichtsbuch. Und weil sich der Alte an viele Dinge nicht richtig erinnern kann, schickt er Einar auf Zeitreisen. All das müsst ihr wissen, um direkt in die Insel-Hörbuchreihe einzusteigen. Einar reist diesmal in die Zeit der Dinosaurier. Als plötzlich die Erde unter seinen Füßen bebt, ist schnell klar, wer seine Witterung aufgenommen hat. Es ist T. rex höchstpersönlich!

THiLO: Die magische Insel – der Zahn des Tyrannosaurus. Lesung mit Jürgen Uter • Audiolino • 12,90 Euro • ab 8 Jahren

SPIELEN

DIE ZEIT LÄUFT

Verflixt: Hat ein Diplodocus Fleisch gefressen? Waren die Vorderbeine des Stegosaurus länger als seine Hinterbeine? Wer sich daran nicht erinnert, bis die Sanduhr abgelaufen ist, hat in diesem Spiel im wahrsten Sinne des Wortes keine guten Karten. Denn bei der „Brain Box Dinosaurier" gewinnt, wer sich in zehn Sekunden die meisten Infos über die Urzeit-Riesen einprägen kann. Größe, Aussehen, Ernährung, Gewicht – alles könnte abgefragt werden und Punkte bringen. Tempolesen und ein gutes Gedächtnis sind deshalb Trumpf. Wer also nach zehn Minuten die meisten Karten gesammelt hat, gewinnt nicht nur: Er hat auch viel über Dinosaurier gelernt – selbst wenn er allein spielt.

Brain Box Dinosaurier • Moses • für einen oder mehrere Spieler • etwa 14 Euro • ab 8 Jahren

LESEN

ALLES AUF EINEN BLICK!

Mit einer geballten Ladung Urzeit-Wissen beeindruckt das „Taschenlexikon Dinosaurier". Für alle, die sich mit den Lebewesen der Dino-Ära noch nicht so gut auskennen, bietet dieses Buch einen leicht verständlichen, kompakten Überblick, um ins Thema einzusteigen. Doch auch Kenner, die nur noch einmal nachschauen möchten, wann eigentlich die Kreidezeit endete, wo der Triceratops lebte oder was der Brachiosaurus fraß, sollten diesem toll bebilderten Nachschlagewerk einen Platz im Bücherregal frei räumen.

Taschenlexikon Dinosaurier • Dorling Kindersley Verlag • 400 Seiten • 9,90 Euro • ab 8 Jahren

RUNTER VOM SOFA!

Diese Museen, Parks und Ausstellungen laden ein zur Dino-Tour

ENTDECKEN

1 DIE SUPERSAURIER KOMMEN!

Wem das berühmte Senckenberg-Museum einen Extra-Platz frei räumt, der muss schon von stattlicher Größe sein. Wie der Argentinosaurus zum Beispiel: Er bringt es auf eine Länge von knapp 40 Metern! Ihn und viele andere spektakuläre Dinosaurier aus Argentinien (im Bild oben noch gut verpackt) zeigt das Museum bis zum 9. Januar 2011 in einem großen Ausstellungszelt in Frankfurt am Main. GEOlino ist mit von der Partie und führt euch auf einem speziellen Wissenspfad durch über 160 Millionen Jahre Dino-Geschichte.

Senckenberg-Museum, Sonderausstellung »Gigasaurier – Die Riesen Argentiniens« • bis 9. Januar 2011 • Mainzer Landstr. / Ecke Güterplatz, Frankfurt/Main • Infos unter www.gigasaurier.senckenberg.de

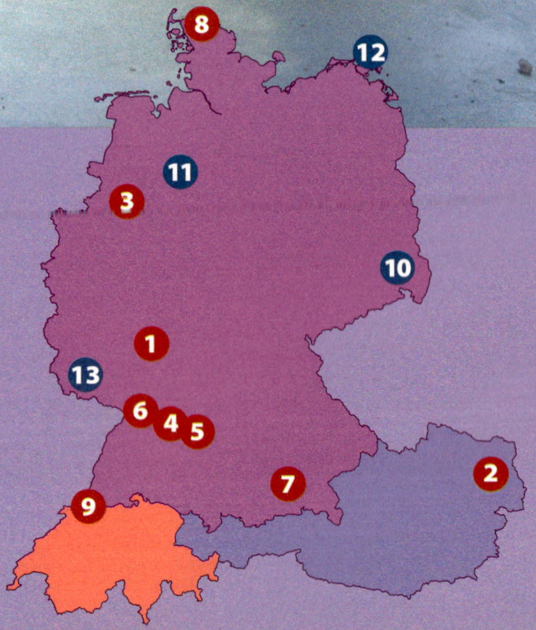

MUSEEN

2 Der Vorzeige-Dino des **NATURHISTORISCHEN MUSEUMS WIEN** schmückt sich mit Federn und wird von seinen Fans „Schreckenskralle" genannt. Was Deinonychus so besonders macht? Forscht selbst!
www.nhm-wien.ac.at

3 Auch im heutigen Westfalen hausten vor 100 Millionen Jahren Dinosaurier! Ihr glaubt es nicht? Dann schaut euch die Überreste der „einheimischen" Riesenechsen im **LWL-MUSEUM FÜR NATURKUNDE** in Münster an.
www.lwl.org/LWL/Kultur/WMfN/

4 Dinosaurier werden im **STAATLICHEN MUSEUM FÜR NATURKUNDE** in Stuttgart wie Könige behandelt. Zumindest haben die Skelette einen eigenen „Dino-Saal" bekommen. Darin warten Oviraptor und andere Urzeit-Echsen aus Amerika, Asien und Afrika auf euren Besuch.
www.naturkundemuseum-bw.de

5 Die Schiefersteinbrüche des schwäbischen Städtchens Holzmaden sind eine gigantische Urzeit-Schatztruhe. Einige Kostbarkeiten haben Forscher ihr schon entrissen – darunter Skelette von Ichthyosauriern und Plesiosauriern. Ihr könnt sie euch anschauen, direkt vor Ort, im **URWELTMUSEUM HAUFF**.
www.urweltmuseum.de

6 Raubtierzahnkunde steht im **STAATLICHEN MUSEUM FÜR NATURKUNDE** in Karlsruhe auf dem Programm! Denn hier darf das Gebiss eines T. rex bewundert werden. Außerdem zu sehen: Abgüsse von allen bekannten Funden des Urvogels Archäopteryx.
www.smnk.de

7 Plateosaurus ist der heimliche Dino-Star im **PALÄONTOLOGISCHEN MUSEUM** in München. Der Pflanzenfresser gilt nämlich als größter jemals in Bayern gefundener Dinosaurier. Ihn, Triceratops und andere Urzeit-Echsen seht ihr hier.
www.palmuc.de

8 Bis ins Frühjahr 2011 hinein zeigt das **PHAENOMENTA** in Flensburg eine Sonderausstellung zur Physik der Dinosaurier. Wie konnten sie so groß werden? Was hielt sie auf den Beinen? Die Antworten gibt es hier.
www.phaenomenta-flensburg.de

9 Diplodocus, der Langhals aus dem Innenhof des **NATURHISTORISCHEN MUSEUMS BASEL**, musste wegen Bauarbeiten auf eine Wiese umziehen. Im Haus aber geht die Ausstellung weiter. Zu sehen sind zum Beispiel Allosaurus und ein ungeschlüpfter Papageienschnabel-Dino.
www.nmb.bs.ch

DINO-PARKS

10 Wo kann man einem *Tyrannosaurus rex* in die Augen schauen? Im **SAURIERPARK** im sächsischen Kleinwelka zum Beispiel! Über 200 lebensgroße Saurierfiguren sind hier zu bestaunen.
www.saurierpark.de

11 Mitmachen statt zugucken: Im **DINOSAURIERPARK MÜNCHEHAGEN** in Niedersachsen könnt ihr selbst Skelett-Modelle ausgraben, im Mikroskop-Raum einen genauen Blick auf Fossilien werfen oder einen Dino kneten.
www.dinopark.de

12 Ein Spaziergang mit Lerneffekt bietet das **DINOSAURIERLAND RÜGEN**: Auf dem Rundweg durch die Parkanlage wird zum Beispiel nachgestellt, wie die ersten Lebewesen im Wasser entstanden, wie sich dann aus ihnen Wirbeltiere entwickelten und wie es den Flugsauriern gelang, den Luftraum zu erobern.
www.dinosaurierland-ruegen.de

13 Zirpende Riesenlibellen, hungrige Raubsaurier, und mittendrin plätschert ein Wasserfall: Besucher im **PRAEHISTORIUM GONDWANA** in Schiffweiler im Saarland erleben die Erdgeschichte, als hätte jemand die Zeit zurückgedreht.
www.gondwana-praehistorium.de

Fotovermerke nach Seiten. Anordnung im Layout: l. = links, r. = rechts, o. = oben, m. = Mitte, u. = unten

TITEL: Mark Garlick/SPL/Agentur Focus: großes Bild, r. u.; Berthold Steinhilber für GEOlino extra: l. u.; Knut Maibaum und Tom Ungemach/Stern/Picture Press: l. m. u.; Marc Beckmann für GEOlino extra: r. m. u.

EDITORIAL: GEOlino extra: 3; shutterstock: 3;

INHALT: Marc Beckmann für GEOlino extra: 4 l. o.; Louie Psihoyos/CORBIS: 4 l. u.; Museum für Naturkunde Berlin: 4 r. o.; Jan Kristian Krauspe für GEOlino extra: 4 r. m.; Max Fiedler für GEOlino extra: 4 r. u.; Jon Hughes/pixel-shack.com für GEOlino extra: 5 o.; Keiji Kawaguchi: 5 m.; Berthold Steinhilber: 5 u.;

BILDESSAY: Jon Hughes/pixel-shack.com für GEOlino extra: 6–13; shutterstock: 7 r. u., 8 l.u., 11 r. u., 12 l. u.;

FAKTEN: shutterstock: 14 m., 14–17 (Papiere), 16 u.; Amin Huschi/GEOlino extra: 16 l. o.; Karten: Stefanie Peters: 15; dk-images: 17;

TENDAGURU: Museum für Naturkunde Berlin: 18 (2x), 19 l. o., 20 (3x), 21 u., 24 (3x), 25 l.; Museum für Naturkunde Berlin, Dr. Lars Hennings: 19 r. o.; Jan Kristian Krauspe für GEOlino extra: 22/23; Louie Psihoyos/Agentur Focus: 21 o.; shutterstock: 18–25 (Hintergründe), 25 r. u.; Karte: Stefanie Peters: 19;

BACKEN: Amin Huschi/GEOlino extra: 26–27; shutterstock: 26/27 (Hintergrund);

T. REX: Ira Block/IPN Stock: 28/29, 32/33 o.; Louie Psihoyos: 30; Juniors Bildarchiv: 31; The Field Museum Chicago: 32 u.; shutterstock: 33 u., Initialenbilder; Karte: Stefanie Peters: 29;

ZUNGENBRECHER: Nils Fliegner für GEOlino extra: 34/35;

ZEITZEUGEN: Frans Lanting/Agentur Focus: 36 l.; Michael & Patricia Fogden/Minden Pictures/Picture Press: 36 r. o.; Ingo Arndt/Minden Pictures/Picture Press: 36 r. u.; Biosphoto: 37 l. m.; shutterstock: 37 r. o., 38 r. o.; Ronald Wittek/mauritius images: 37 u.; D. Parer & E. Parer-Cook/Auscape/Minden Pictures: 38 l. o.; NHPA/Photoshot: 38 l. u.; Mike Parry/Minden Pictures/Picture Press: 38 r. u.; Fred Bavendam/Minden Pictures/Picture Press: 39 o.; Dave Watts/Oceans-Image/photoshot: 39 m.; mauritius images: 39 u.;

RÜDERSDORF: Marc Beckmann für GEOlino extra: 40–47; Amin Huschi/GEOlino extra: 47, Infografik; shutterstock: 40–47 (Hintergrund), 47 r. u.;

KURIOSES: Louie Psihoyos/Agentur Focus: 48 o.; dpa/Picture-Alliance: 48 u.; Carlos Villalon/Redux/laif: 49 l. o.; AP-Images: 49 l. m.; actionpress: 49 l. u., 49 r.; shutterstock: 48/49 (Hintergrund);

GIGANTEN: Berthold Steinhilber: 50–54 (Diplodocus); Frank Luerweg/Uni Bonn: 51 l. m., 53 l. o.; Jan Kristian Krauspe für GEOlino extra: 51 m.; Dr. Martin Sander/Uni Bonn: 53 r. o.; Daniel Hillmann und Dewey Ray Wilhite: 54 l. o.; Heinrich Mallison: 55 l. o.; shutterstock: 55 r. u.;

FILME: Kobal Collection: 56 l., 57 u.; Cinetext: 58 u., 59 o., 59 u.; shutterstock: 56–59 (Hintergrund, Kinokarten);

BULLYLAND: Berthold Steinhilber für GEOlino extra: 60–65; privat: 63 l. m.; shutterstock: 65 l. u.;

BASTELN: Eva Pradel/GEOlino extra: 66; Lennart Anton: 66 u.;

SEEMONSTER: National Geographic Image Collection: 68/69; Andrea Ferrari/NHPA/photoshot: 69 o.; Jon Hughes/pixel-shack.com für GEOlino extra: 70; Raul D. Martin/National Geographic Image Collection: 71; Leo Seidel/Ostkreuz: 72/73; dpa/Picture-Alliance: 73 r. m.;

VÖGEL: Louie Psihoyos/CORBIS: 74; dk-images: 75 o.; Roger Harris/SPL/Agentur Focus: 75 u.; Chuang Zhao und Lida Xing/dpa/Picture-Alliance: 76 o.; XINHUA/GAMMA/Eyedea Presse/laif: 76/77; National Geographic Image Collection: 77 r. u.; Henriette Jakubik/GEOlino extra: 77 r. o., 79 o. (2x); Walter Myers/SPL/Agentur Focus: 78 o.; shutterstock: 78 u., 79 r. u., 74–79 (Hintergrund); Joe Tucciarone/SPL/Agentur Focus: 79 m.;

MICRORAPTOR-BASTELN: Eva Pradel/GEOlino extra: 80, 81; shutterstock: 80/81 (Hintergrund);

LOSUNGEN: Max Fiedler für GEOlino extra: 82/83;

SÄUGER: shutterstock: 84 (Baum, Giraffe, Maßband), 85 m. (Lupe), 86 (Fleisch, Tiger), 87 (alle, außer Saurier unten), 88 (Elefant, Waage, Uhr), 89 (Stachelschwein, Mikado) 84–89 (Hintergrund); dk-images: 84 l., 85 m. (Saurier), 86 o., 88 r. o., Okapia: 85 r.; National Geographic Image Collection: 87 u.; mauritius images: 88 m. (Saurier); Suzi Eszterhas/Minden Pictures: 88 m. u. (Gepard); Alain Bénéteau/PaleoSpot: 89 o.;

AUSSTERBEN: Frederic Dupont für GEOlino extra: 90–93; shutterstock: 93 u.;

TIPPS & INFOS: PR: 94–95; Jan Michael Hosan für GEOlino: 96;

VORSCHAU: NASA/JPL/SPL/Agentur Focus: 98/99; Marc Steinmetz/VISUM: 99 l. u.; Roger Ressmeyer/CORBIS: 99 r. u.; shutterstock: 99 r.

GEOlino extra

Gruner + Jahr AG & Co KG, Druck- und Verlagshaus, Am Baumwall 11, 20459 Hamburg. Postanschrift für Verlag und Redaktion: Brieffach 24, 20444 Hamburg, Telefon 040/3703-0, Telex 219520, Internet: www.geolino.de

HERAUSGEBER
Peter-Matthias Gaede

CHEFREDAKTEUR
Martin Verg

GESCHÄFTSFÜHRENDE REDAKTEURE
Fotografie: Ruth Eichhorn
Art Direction: Klaus Lingenauber

TEXTREDAKTION: Verena Linde, Sina Löschke; Katharina Beckmann, Stefan Greschik, Barbara Lich

BILDREDAKTION: Eva Pradel; Berit Brandes, Karolina Doleviczenyi, Kirstie Kinley, Michael Schindel

GRAFIK: Amin Huschi; Henriette Jakubik, Carolin Löbbert

VERIFIKATION: Heiko Kammerhoff (freie Mitarbeit); Dr. Matthias Albaum

SCHLUSSREDAKTION
Jan Pust; Karola Schulte

KARTOGRAPHIE: Stefanie Peters, Thomas Wachter

SEKRETARIAT: Helen Gertz

HONORARE: Petra Schmidt

TECHNISCHER CHEF VOM DIENST: Rainer Droste

BILDADMINISTRATION UND -TECHNIK: Stefan Bruhn

AUTOREN UND FREIE MITARBEITER DIESER AUSGABE
Dorothée Buche, Jana Flemming, Sarah Hasse, Janna Keveloh (Layout), Bertram Weiß

Verantwortlich für den redaktionellen Inhalt: Martin Verg

VERLAGSLEITUNG: Dr. Gerd Brüne, Thomas Lindner

GESAMTANZEIGENLEITUNG: Heiko Hager, G+J Media Sales

VERTRIEBSLEITUNG: Ulrike Klemmer, DPV Deutscher Pressevertrieb

MARKETING: Antje Schlünder (Ltg.), Renate Zastrow

HERSTELLUNG: Oliver Fehling

Der Export der Zeitschrift GEOlino extra und deren Vertrieb im Ausland sind nur mit Genehmigung des Verlages statthaft. GEOlino extra darf nur mit Genehmigung des Verlages in Lesezirkeln geführt werden.

ANZEIGENABTEILUNG: Anzeigenverkauf: Frauke Baer
E-Mail: baer.frauke@guj.de
Tel. 040/37 03 22 05, Fax 040/37 03 17 22 05
Anzeigendisposition: Anja Mordhorst
Tel. 040/37 03 23 38, Fax 040/37 03 58 87

Anzeigenpreisliste Nr. 13 vom 1. Januar 2010

Bankverbindung: Deutsche Bank AG Hamburg,
Konto 0322800, BLZ 200 700 00

ISBN-Nr.: 978-3-570-19945-9;
978-3-652-00040-6 (Heft mit DVD);
ISSN-Nr.: 1610-8701
Repro: Wahl Media GmbH, München
Druck: MOHN Media, Gütersloh
Printed in Germany

GEOLINO-EXTRA-LESERSERVICE

FRAGEN AN DIE REDAKTION
Telefon: 040/37 03 20 60, Telefax: 040/37 03 56 47
E-Mail: geolino@geo.de

ABONNEMENT- UND EINZELHEFTBESTELLUNG

ABONNEMENT DEUTSCHLAND Jahres-Abonnement: 20,40 €

BESTELLUNGEN:
DPV Deutscher Pressevertrieb
GEO-Kundenservice
20080 Hamburg
Telefon: 01805 / 861 80 00*

KUNDENSERVICE ALLGEMEIN:
(PERS. ERREICHB.)
Mo – Fr 7.30 bis 20.00 Uhr
Sa 9.00 bis 14.00 Uhr
Telefon: 01805 / 861 80 01*
Telefax: 01805 / 861 80 02*
E-Mail: geolino-service@guj.de

24-Std.-Online-Kundenservice: www.MeinAbo.de/service

ABONNEMENT ÖSTERREICH
GEO-Abonnentenservice
Postfach 5, A-6960 Wolfurt
Telefon: 0820 / 00 10 85
Telefax: 0820 / 00 10 86
E-Mail: geolino@abo-service.at

ABONNEMENT SCHWEIZ
GEO-Leserservice
Postfach, CH-6002 Luzern
Telefon: 041 / 329 22 20
Telefax: 041 / 329 22 04
E-Mail: geolino@leserservice.ch

ABONNEMENT ÜBRIGES AUSLAND
GEO-Kundenservice, Postfach, CH-6002 Luzern
Telefon: 041 / 329 22 80, Telefax: 041 / 329 22 04
E-Mail: geolino@leserservice.ch

BESTELLADRESSE FÜR GEO-BÜCHER, GEO-KALENDER, SCHUBER ETC.

DEUTSCHLAND
GEO-Versand-Service
Werner-Haas-Straße 5
74172 Neckarsulm
Telefon: 01805 / 06 20 00*
Telefax: 01805 / 08 20 00*
E-Mail: service@guj.com

SCHWEIZ
GEO-Versand-Service 50/001
Postfach 1002
CH-1240 Genf 42

ÖSTERREICH
GEO-Versand-Service 50/001
Postfach 5000
A-1150 Wien

BESTELLUNGEN PER TELEFON UND FAX FÜR ALLE LÄNDER
Telefon: 0049-1805 / 06 20 00, Telefax: 0049-1805 / 08 20 00
E-Mail: service@guj.com

* 14 Cent/Min. aus dem deutschen Festnetz, aus dem deutschen Mobilfunk max. 42 Cent/Min.

Strahlend schön: Ohne die SONNE wäre das behagliche Leben auf der Erde unmöglich. Doch wie ist der Riesenofen entstanden – und wie lange wird er uns noch wärmen? Eine Zeitreise zu Geburt und Tod unseres Lieblingssterns

ZULETZT ERSCHIENEN:

Ihr habt ein Heft verpasst? Kein Problem, alle Ausgaben könnt ihr nachbestellen – per E-Mail unter geolino-service@guj.de oder telefonisch unter 01805/861 80 01